U0923755

谨以本图集

向汶川特大地震灾难中不幸遇难的同胞致以深切的悼念

向所有关心、支持和参与抗震救灾的各界人士致以诚挚的感谢

向所有参加抢通和保通生命线的交通人致以崇高的敬意

汶川地震
公路震害图集

中华人民共和国交通运输部
四川省交通厅
甘肃省交通运输厅
陕西省交通运输厅

内容提要

本图集精选最具代表性的500余幅照片，永恒记载了汶川大地震不可再现的公路震害现象。

全书共分为四部分，第一部分为概况，综述了汶川地震的区域地质构造背景和交通基础设施受灾的情况；第二部分为四川灾区公路震害，汇集了国道213线都江堰至映秀段、映秀至汶川段，国道都江堰至映秀高速公路，省道303线，省道105线等十多条公路的震害，展示了极重灾区交通严重受毁的场景；第三部分为甘肃灾区公路震害；第四部分为陕西灾区公路震害。

本图集作为公路恢复重建及公路工程抗震技术研究的历史资料，为相关研究者和关注者提供借鉴。

图书在版编目(CIP)数据

汶川地震公路震害图集/中华人民共和国交通运输部等主编.—北京：人民交通出版社，2009.5
ISBN 978-7-114-07720-3

Ⅰ.汶… Ⅱ.中… Ⅲ.公路-震害-汶川县-2008-图集 Ⅳ.P315.9-64 P316.271.4

中国版本图书馆CIP数据核字(2009)第060975号

书　　名：Wenchuan Dizhen Gonglu Zhenhai Tuji
汶川地震公路震害图集
著 作 者：中华人民共和国交通运输部 等
责任编辑：沈鸿雁 丁润铎
出版发行：人民交通出版社
地　　址：(100011)北京市朝阳区安定门外外馆斜街3号
网　　址：http://www.ccpress.com.cn
销售电话：(010)59757969，59757973
总 经 销：北京中交盛世书刊有限公司
经　　销：各地新华书店
印　　刷：北京画中画印刷有限公司
开　　本：880×1230　1/16
印　　张：17.5
版　　次：2009年5月第1版
印　　次：2009年5月第1次印刷
书　　号：ISBN 978-7-114-07720-3
定　　价：180.00元

汶川地震
公路震害图集

《汶川地震公路震害图集》顾问委员会

《汶川地震公路震害图集》编辑委员会

《汶川地震公路震害图集》编写单位

四川省交通厅公路规划勘察设计研究院

甘肃省公路管理局

陕西省公路局

西南交通大学

成都理工大学

交通部公路科学研究院

重庆交通科研设计院

长安大学

同济大学

序

FOREWORD

“5·12”汶川大地震，是新中国成立以来破坏性最强，波及范围最广，救灾难度最大，恢复重建任务最重的一次自然灾害。地震灾害不仅使四川、甘肃、陕西三省道路、桥梁及隧道损毁严重，而且也造成了其他相邻省市交通基础设施不同程度的破坏。

面对前所未有的巨大灾难，全国交通人万众一心，众志成城，不畏艰险，百折不挠，以人为本，尊重科学，以最快的速度、最好的装备、最强的队伍、高效的组织指挥，全面投入抗震救灾、抢通保通和保运的战斗中，用汗水、鲜血甚至生命，抢通了一条条生命线，保障了所有运输通道的畅通，抢运了一批批救援物资，输送了大量救援队伍和撤出灾区的群众，为取得抗震救灾全面胜利奠定了坚实基础。

在这场伟大的抗震救灾战斗中，交通人所体现的不仅仅是战胜灾害的勇气、重建家园的信心，更重要的是对国家、对人民的高度责任感，强烈的事业心和严谨的科学态度。《汶川地震公路震害图集》就是许多交通人冒着余震不断的危险，挺进危机四伏的灾区，以前瞻性的眼光、敏锐的观察力和实事求是的精神所摄取和保留下来的一个个历史瞬间的展现，客观而忠实地记录了“5·12”汶川大地震对公路、桥梁、隧道造成的多种类、大规模、超强度、高频率的破坏及其产生的严重后果，是我国公路工程抗震研究不可多得的现场记录和宝贵资料。

科学技术的发展总是依赖于对客观世界基本现象的认识和规律性的把握。公路工程抗震研究在我国已经有了一定的基础，也取得了相应的成果。汶川大地震则大大强化了我们在这一领域深化研究的责任感和紧迫感。从科学发展观的高度来认识，公路工程抗震研究除了有其不容忽视的工程意义之外，更重要的是，它也使我们深刻体会到，作为国家经济社会发展、国防安全保障的公路交通基础设施，在今后的建设发展中，不仅要考虑成本、效益等经济指标，更要重视这些基础设施在特大自然灾害中能否抗御重大冲击和破坏，能否最大程度地降低破坏性损失，维持其基本的作用和功能。《汶川地震公路震害图集》可以帮助我们进一步做好地震震害调查，深化对公路工程抗震特点和规律性的认识，不断完善公路工程抗震技术标准规范，不断攻克公路工程抗震技术难题，最大限度地降低地震灾害造成的破坏和损失，最大程度地提高公路工程抗震技术水平和能力，为促进国家经济社会发展、适应应急抢险需要，提供有力保障。

交通运输部副部长

二OO九年四月三十日

编者的话

PREFACE

2008年5月12日14时28分，我国四川汶川发生了里氏8.0级特大地震。这是新中国成立以来破坏性最强、波及范围最广、救灾难度最大的一次特大自然灾害。公路基础设施破坏极为惨重，桥梁垮塌、路基被毁、隧道受损，抢险救灾面临极大的困难。

灾难发生后，在党中央、国务院的坚强领导下，在交通运输部、各省委省政府的直接指挥下，交通儿女与祖国人民一道，与时间赛跑，为生命拼搏，在抢通保通生命线、抢运救灾物资和人员的交通抗震救灾大决战中，取得了重大的胜利。

没有哪一次巨大的历史灾难不是以历史的进步作为补偿的。地震无情，但它却给人们留下了许多的实体案例。为进一步推动公路抗震科技进步，我们深入开展了“汶川地震公路震害评估、机理分析及设防标准评价”的研究。在前期全面搜集公路震害调查资料的基础上，先期以精选部分公路震害图片的方式向世人直观展示公路损毁状况，作为公路恢复重建及公路工程抗震技术研究的历史资料，为相关研究者和关注者提供借鉴。

该图集汇编的近500幅图片，是从交通人在抗震救灾抢通和保通期间，在余震不断、悬石当头、山体不稳、飞石常伴、生命随时难保的关键时刻，第一时间深入灾区一线拍摄的近万张照片中筛选出来的。图集编排采取了面（区域）—线（路线）—点（具体点位）的手法，涵盖了地震重灾区国省主要干线公路，集中再现了汶川大地震惊心动魄的历史场景，展示了这次地震对公路破坏性强、波及面广的特点。

全书分为四部分，第一部分为概况，综述了汶川地震的区域地质构造背景和交通基础设施受灾情况；第二部分为四川灾区公路震害，汇集了国道213线都江堰至映秀段、映秀至汶川段、都江堰至映秀高速公路、省道303线、省道105线等十多条公路的震害；第三部分为甘肃灾区公路震害；第四部分为陕西灾区公路震害。

鉴于编者水平有限，时间紧迫，书中不足之处在所难免，恳请批评指正。

编者

二OO九年四月

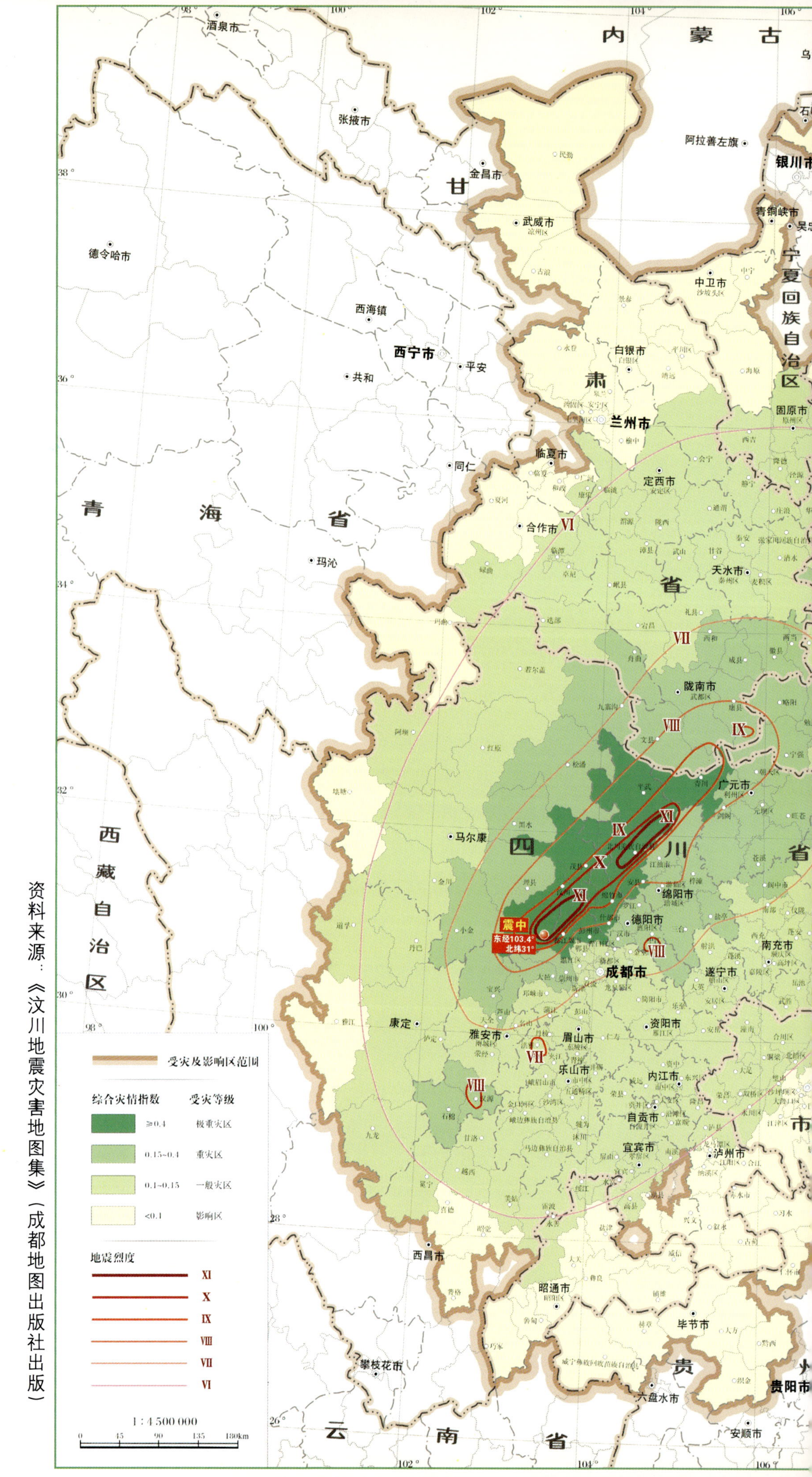

资料来源：《汶川地震灾害地图集》（成都地图出版社出版）

◀ 汶川地震受灾范围及地震烈度图

治 区
鄂尔多斯市
北京市
廊坊市
天津市
朔州市
山西省
保定市
沧州市
河北省
忻州市
石家庄市
衡水市
榆林市
太原市
晋中市
阳泉市
德州市
吕梁市
邢台市
邯郸市
聊城市
陕西省
延安市
临汾市
长治市
安阳市
山东省
庆阳市
鹤壁市
濮阳市
济宁市
新乡市
菏泽市
晋城市
焦作市
铜川市
运城市
开封市
江苏省
安徽省
郑州市
洛阳市
三门峡市
渭南市
商丘市
咸阳市
西安市
VI
许昌市
亳州市
商洛市
平顶山市
周口市
漯河市
河南省
驻马店市
阜阳市
安康市
南阳市
十堰市
安徽省
襄樊市
信阳市
随州市
重庆
荆门市
湖北省
孝感市
宜昌市
武汉市
黄冈市
鄂州市
恩施市
黄石市
荆州市
咸宁市
九江市
岳阳市
张家界市
常德市
南昌市
吉首市
益阳市
江西省
湖南省
长沙市
宜春市
新余市
湘潭市
株洲市
娄底市
铜仁市
萍乡市
怀化市
吉安市
邵阳市
衡阳市
省
凯里市
永州市
赣州市
广西壮族自治区
郴州市
108°
110°
112°
114°
116°
38°
36°
34°
32°
30°
28°
26°

资料来源：《汶川地震灾害地图集》（成都地图出版社出版）

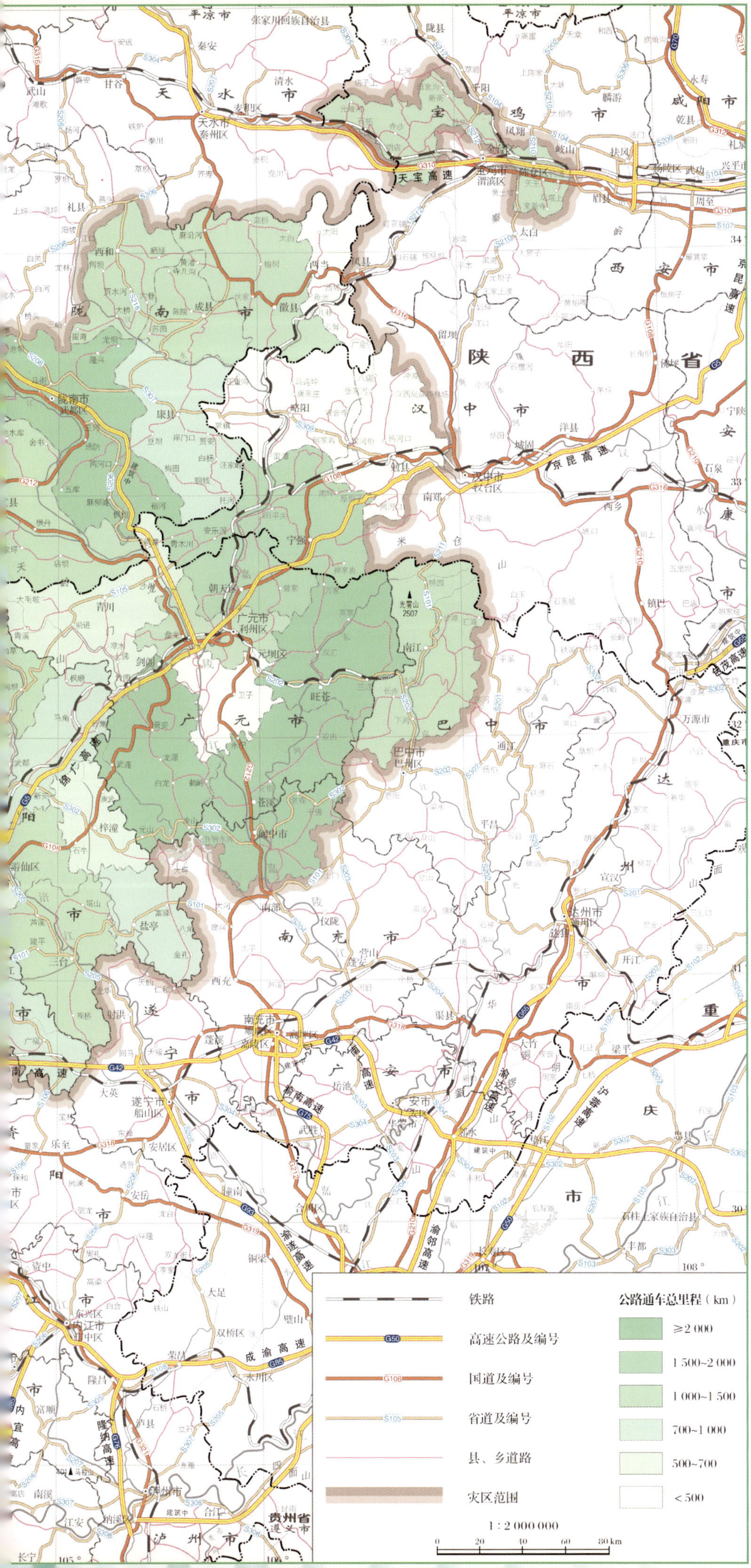

汶川地震重灾区交通图

铁路	
高速公路及编号	G50
国道及编号	G108
省道及编号	S105
县、乡道路	
灾区范围	

公路通车总里程（km）

- ≥2 000
- 1 500~2 000
- 1 000~1 500
- 700~1 000
- 500~700
- <500

1：2 000 000

0 20 40 60 80 km

目 录 contents

公路震害图集

第一部分 概　　况

第1章 汶川地震区域构造背景及发震构造

1.1 汶川地震区域地形地貌

位于地震区的龙门山断裂带是四川盆地向青藏高原的过渡区域。该地貌类型构成复杂，平原、低山、中山、高山、极高山均有分布。地貌以中、高山为主，整个地势由西北向东南降低，地表切割由北向南加剧，构造活动强大，剥蚀侵袭剧烈，为典型高山峡谷景观。坡面与谷地的侵蚀与堆积活动强烈，河谷深切，岭谷相对高度悬殊。龙门山后山断裂和中央断裂的中、南段地处青藏高原东缘的高山峡谷地带，而前山断裂，横跨川西龙门山地带和成都平原冲积扇扇顶部位，山地丘陵面积多，平坝面积少。地势西北高，东南低，高山、中山、低山、丘陵和平原呈阶梯逐级降低分布。

龙门山北段区域从北西向南东由中低山逐渐过渡到低山丘陵地带，总体地势为北西高，南东低。一般山脊海拔高程为1 100～1 300m，谷底400～500m，呈现出山高谷深地貌景观。区内地貌形态可以分为侵蚀构造中山区、侵蚀构造低山区和河谷丘坝区。

1.2 断裂构造总体特征

汶川地震及其余震都与龙门山断裂带有关。龙门山断裂带位于我国中部，扬子地块西北缘，呈北西—南东向延伸，本身处于上扬子地块（四川盆地）碧口微地块—松潘—东西秦岭交界区域，是中国大陆构造中的主要构造之一，也是青藏高原东部边缘地带，北东端与秦岭断裂带斜交，南西端被鲜水河—小江断裂斜截。位于川西南的金河—箐河断裂带被认为是其南西延伸部分。龙门山断裂带具有地震活动性，是我国南北地震带的重要组成部分。

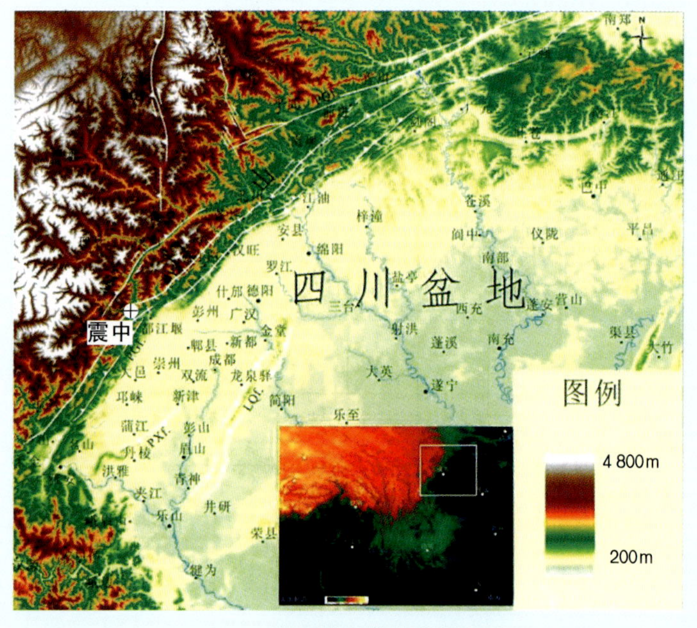

▲ | 地震区域地形地貌示意图（周荣军）

龙门山断裂带南起泸定、天全，向北东延伸经宝兴、都江堰、江油、广元进入陕西勉县一带，全长约500km，宽40～50km，主要由四条逆断裂组成。自西北往东南分别为：汶川—茂汶逆断裂（龙门山后山断裂），大体上沿汶川到茂县的高深峡谷延伸，在“5·12”地震中没有发生破裂，但滑坡等地质灾害十分严重；映秀—北川逆断裂（龙门山中央断裂），沿映秀—北川—平通—南坝展布，连续性较好，汶川8级地震破裂主要发生在这条断裂上；都江堰—安县逆断裂（龙门山前山断裂）沿龙门山与成都平原交界处分布，在这次地震中形成了70多公里长的地表破裂；龙门山山前隐伏断裂。

这四条主要断裂总体走向45°，倾向北西，倾角50°～70°。它们中的每一条断裂又由几个不同的段落组成，其中汶川—茂汶断裂由青川平武断裂、汶川—茂汶断裂和耿达—陇东断裂组成；映秀—北川断裂由北川茶坝—林庵寺断裂、映秀—北川断裂和盐井—五龙断裂组成；灌县—安县断裂由北东段的马角坝断裂、中段的灌县—江油断裂、西南段的大川—双石断裂组成；山前隐伏断裂由于地表无出露而没有分成不同的段落。

龙门山前山、中央和后山断裂在垂直剖面上呈叠瓦状向四川盆地内逆冲推覆，断裂倾角在接近地表处较高（50°～60°），随深度向下逐渐变缓，大概到地下20多公里深处，三条断裂收敛合并成一条剪切带，成为青藏高原推覆于四川盆地之上的主要控制构造。强烈的相对运动导致了龙门山与四川盆地的高差十分巨大，在不到60km的范围内，从海拔约600m迅速上升到4 000～5 000m，形成巨大的地貌台阶，是中国大陆地形最陡峭的地方。

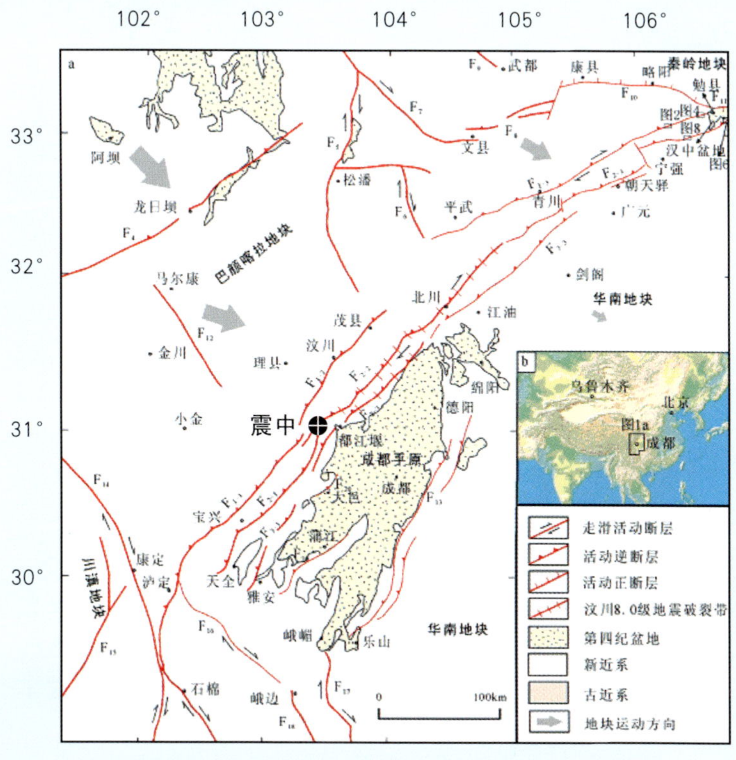

F_1—龙门山后山断裂；F_{1-1}—耿达—陇东断裂；F_{1-2}—茂县—汶川断裂；F_{1-3}—青川断裂；F_2—龙门山中央断裂；F_{2-1}—盐井—五龙断裂；F_{2-2}—北川—映秀断裂；F_{2-3}—茶坝—林庵寺断裂；F_3—龙门山前山断裂；F_{3-1}—大川—双石断裂；F_{3-2}—灌县—安县断裂；F_{3-3}—江油断裂；F_4—龙日坝断裂；F_5—岷江断裂；F_6—虎牙断裂；F_7—东昆仑断裂；F_8—文县断裂；F_9—白龙江断裂；F_{10}—勉县—略阳断裂；F_{11}—汉中盆地北缘断裂；F_{12}—抚边河断裂；F_{13}—龙泉山断裂；F_{14}—鲜水河断裂；F_{15}—玉农希断裂；F_{16}—泸定—峨边断裂；F_{17}—利店断裂；F_{18}—峨边断裂；F_{19}—蒲江—新津断裂；F_{20}—大邑断裂

▲ 龙门山推覆构造带及其邻区地质构造简图（杨晓平，2008年）

1.2.1 龙门山后山断裂带

其南起泸定一带，向NE经陇东、鱼子溪、耿达、草坡、汶川、茂汶、平武、青川进入陕西境内，是三条断裂中生成时间最早、活动最强烈、切割深度最大的断裂，它已切穿岩石圈。该断裂总体倾向北西，倾角约60°～85°，延伸稳定，连续性好，地表表现为多条变形强弱不同的构造变形带，其宽约300～2 000m不等，其构造岩为糜棱岩和构造片岩。后山断裂西北面为以砂板岩为主的一套浅变质岩系。断裂带由一系列倾向NW的叠瓦状逆断层组成，地表倾角较大，发育于前震旦纪花岗岩、中元古界彭灌杂岩、震旦系或志留、泥盆系之间，具韧性剪切变形特征。

（1）青川—平武断裂：走向N60°～70°E，南起平武，经青溪、青川、广坪，止于阳平镇一带，左旋走滑性质，长约200km，为切穿地壳的深断裂。主断面主要倾向北西，仅局部反倾，浅部陡倾，深部缓倾，呈铲状。断裂带一般宽500～700m，最宽处可达2 000m，由2～5条次级断裂分支复合组成。带内的石英脉、砾石被强烈定向拉长，形成黏滞型布丁构造。断裂带各种旋转剪切应变标志、拉伸线理的产状及断裂带的运动学特征表明北西盘由北向南的逆冲推覆。

（2）汶川—茂县断裂：为龙门山后山断裂的主干断裂，北起茂县神溪沟，南经茂县、汶川、陇东至泸定冷碛附近与南北向的大渡河断裂相交，长230km。断裂总体走向北东，倾向北西，倾角50°～70°，为上盘向南东推覆仰冲的逆冲断裂，并具有左旋 特征。该断裂大致以耿达、草坡为界，可以分为南西和北东两段。该断裂由一系列倾向北西的叠瓦状逆冲断层组成。

（3）耿达—陇东断裂：位于龙门山南段的耿达—陇东地区，走向N45°E，发育于古生代地层中，断裂沿线存在糜棱岩、流劈理、片理等结构。

1.2.2 龙门山中央断裂带

中央断裂南起泸定两河口以南，经盐井、映秀、茶坪、北川、南坝、茶坝进入陕西境内与勉县—阳平断裂相交，由数条次级逆断层组成叠瓦状构造，表现出脆～韧性过渡的变形特征。其走向和倾向均呈舒缓波状，总体倾向北西，倾角50°～70°不等，断裂破碎带宽约300～1 000m不等。其构造岩为糜棱岩、构造片岩等，断裂两盘主要为古生界及前寒武系杂岩体组成。

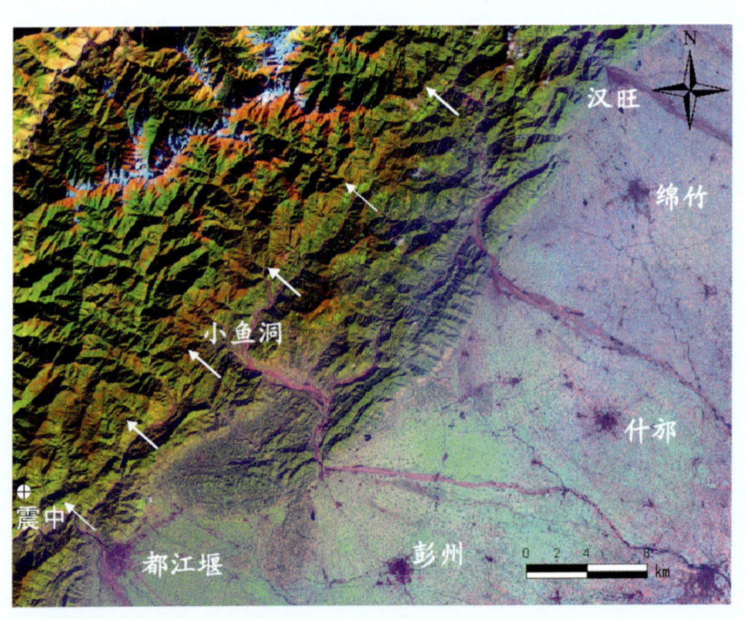

▲ 映秀—北川断裂遥感影像图（刘汉湖，2009年）（局部，白色箭头所指为断层通过位置）

（1）林庵寺—茶坝大断裂：北起东溪河乡林庵寺，经三堆至青川茶坝，属活性大断裂，走向南西倾北西、北北西或正北，倾角一般在60°以上。在林庵寺一带，震旦系元吉组白云岩断覆于变质志留系砂质页岩之上，地貌呈现明显断层陡岩景观，使南崖山复背斜遭到破坏，并在羊模、蒲家、西北、水磨一带，切割了早期断裂，为变质岩与未变质岩的分界线。

（2）北川—映秀断裂：在卫星图像上，各线性构造的地貌景观为直线或弧形展布的凹地、断层崖、构造透镜体等。断裂带平面上多分叉、复合，断面呈波状，并有叠置的推覆岩片夹于其间。

（3）盐井—五龙断裂：位于龙门山南段的宝兴县盐井—五龙地区，呈北东—南西向延伸，总体倾向北西，倾角约为60°～70°；往北东方向延伸与映秀—北川断裂相连，西南与康滇地轴相截。断裂带上盘（北西盘）主要出露前震旦纪盐井群、澄江期花岗岩、古生代奥陶系、志留系、泥盆系。断裂带宽约为200～1 000m，由密集的韧性断裂组成；断裂构造岩主要为构造片岩、糜棱岩。

1.2.3 龙门山前山断裂带

前山断裂由北段江油—广元（马角坝断裂）断裂、中段灌县—江油断裂与南段双石—大川断裂等斜列而成。

（1）江油—广元（马角坝断裂）断裂：呈南西—北东向条带状，夹于仰天窝复向斜和天井山复背斜之间，断裂极复杂，不同方向、不同序次的断裂，互相切割，形成“帚状”断裂带。断裂带内的褶皱结构多遭破坏而残缺不全。

（2）灌县—江油断裂：该断裂经绵竹汉旺，什邡莹华、八角，彭县白鹿、通济，都江堰市向峨、二王庙，崇庆童家山与大川断层接，走向北东30°～60°，倾向北西，倾角 40°～53°，为压扭性断层。在卫星图像上，各线性构造的地貌景观为直线或弧形展布的凹地、断层崖、构造透镜体等。断裂带平面上多分叉、复合，断面呈波状，并有叠置的推覆岩片夹于其间。

（3）双石—大川断裂：为龙门山推覆构造带南段一条区域性大断裂，走向N43° E，倾向NW，倾角45°～65°不等。其东南 侧为开阔的中新生代陆相盆地，西北侧为古生代地层组成的中高山区，可见断裂切割古生界、二叠系煤系和白垩系砂砾岩。

1.2.4 龙门山山前隐伏断裂

龙门山山前断裂由南西向北东断续出露于雅安、大邑灌口、彭州关口一带，其余地方大多隐伏于地下，简称广元—大邑（隐伏）断裂。该断裂发育于四川盆地内部，是逆冲活动进一步向前陆扩展的结果，主要沿侏罗纪以来的陆相碎屑岩地层发育。断裂以西地层不同程度卷入变形，以东地区变形微弱，大多数地段表现为岩层倾角的快速变缓。广元—大邑（隐伏）断裂是一条浅层次脆性断裂，以逆冲为主，向下切割较浅，主要发育在中生代盖层内部。

1.3 龙门山强震主要因素

地震是地壳中累积的构造应力集中引起地壳岩石突然破裂的结果。印度板块以每年40mm的速度向亚洲俯冲，造成青藏高原快速隆升。在青藏高原隆升的同时，高原物质向东缓慢流动，在高原东缘地区沿龙门山构造产生向东挤压。这种挤压受到四川盆地之下刚性地块的顽强阻挡。从区域上说，四川地块岩石圈根极其稳定(深约200km)，自晚侏罗纪(一亿六千万年前)以来深深地扎根于地球的深部，犹如“地轴”和“磐石”，坚强地抵抗着青藏高原的向东挤压，迫使向东流动的地壳物质沿高原东缘堆积，并向四川地块超覆，形成宽大的南北向挤压构造带(东经105°～110°)，成为我国乃至全球最活跃的地震带，这就是著名的中国中部南北向地震带。

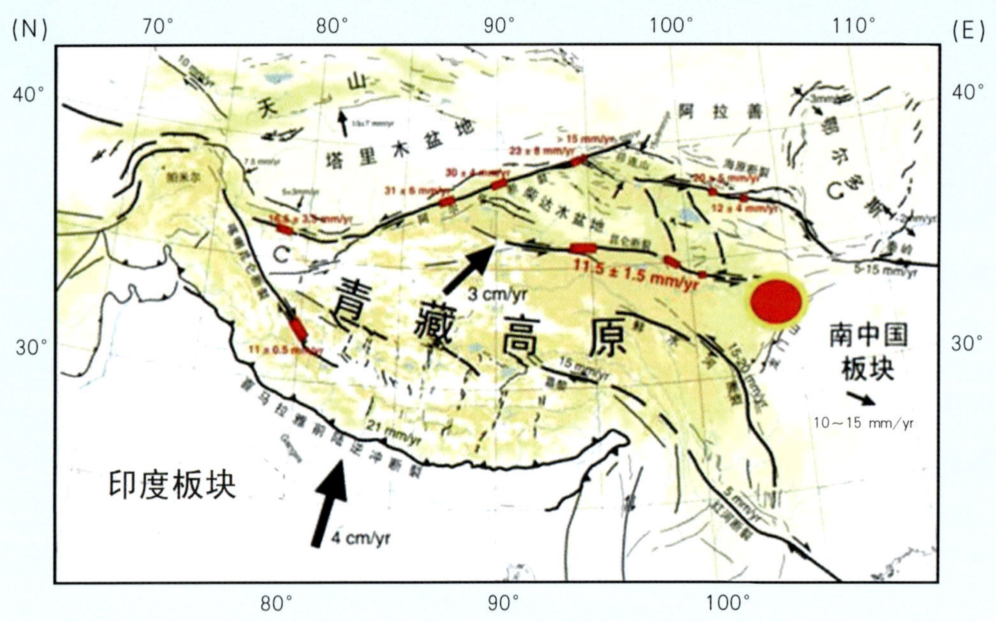

▲|印度板块挤压青藏高原示意图(摘自互联网)

“5·12”汶川大地震的最根本动力来源是青藏高原和华南地块之间相对运动在断裂带上产生的能量积累和释放。印度大陆向北推挤，形成了“世界屋脊”青藏高原，其平均海拔高度超过5 000m，地壳厚度达60～70km，比四川盆地厚40km的地壳厚度多出20～30km。在这种状态下，青藏高原不易再向上升高和向下增厚，高原内部的地壳物质就会向东和向北扩展，导致高原在这两个方向上增生。GPS观测结果清晰直观地展现了这一现今构造变形图像。根据震前的GPS观测表明，整个龙门山推覆断裂带的构造变形速率很小，每年只有2～3mm，每条断裂上的滑动速率只有平均1mm左右。地震地质研究得到的万年时间尺度的断裂滑动速率也证实了这一量值。但是，从若尔盖草原向西的整个青藏高原东部向东和向北的运动速率都很大，到龙门山的突然变慢说明应变和能量在龙门山发生积累。另外，龙门山断裂在地壳上部倾角很陡，到20km以下才变缓，这种结构也有利于能量的高度积累。同时，构成龙门山山脉的重要岩石单元是古老的杂岩体(彭灌杂岩、宝兴杂岩)，这种岩石抵抗破坏和断裂的强度特别大，能够积累很大的能量在瞬间释放形成强烈地震。龙门山断裂带在剖面上也呈“犁形”或“铲形”结构，这种刚性地块的顽强阻挡造成构造应力能量的长期积累，最终在映秀地区发生突然释放，破裂构造沿龙门山中央断裂带迅速扩展，产生了地震破裂带。这次地震属于单向破裂地震，由南西向北东迁移，致使余震向北东方向扩张。挤压型逆冲断层地震在主震之后，应力传播和释放过程比较缓慢，导致余震强度较大，持续时间较长。

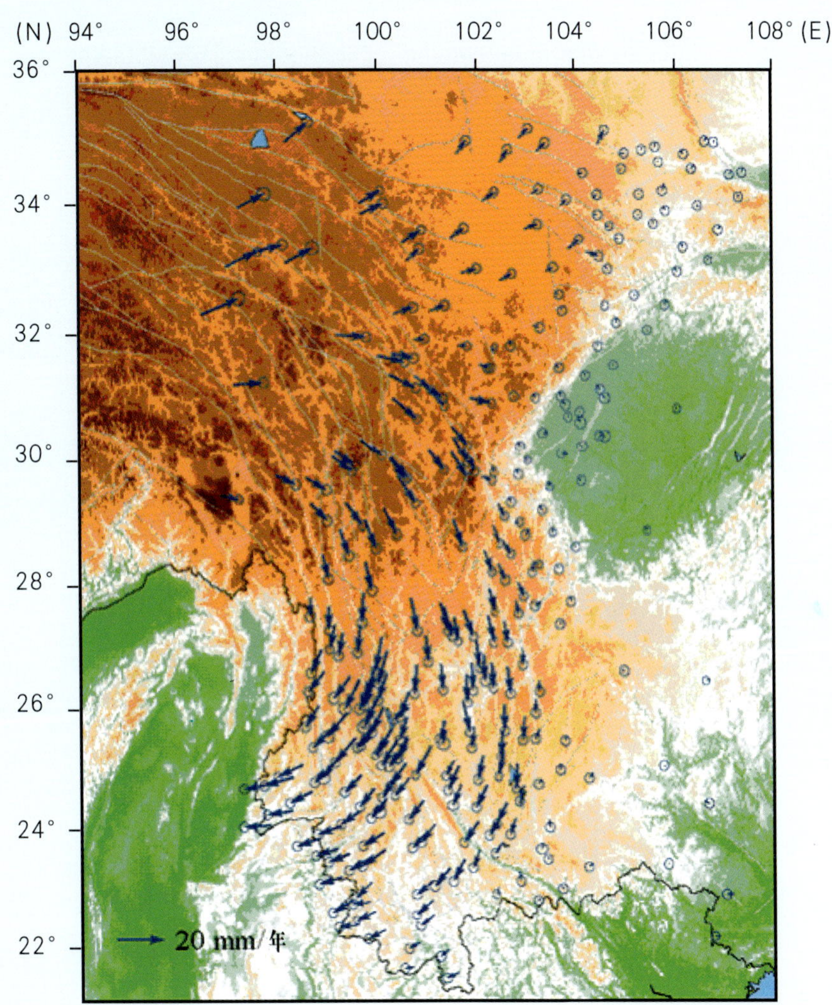

▲│川滇地区GPS相对于华南活动地块运动的速度场（张培震，2008年）

第2章 汶川地震发震过程及余震分布

2.1 汶川地震发震过程

汶川地震沿着映秀镇—北川—青川断裂带的破裂过程较为复杂。印度板块向亚洲板块俯冲，造成青藏高原快速隆升。高原物质向东缓慢流动，在高原东缘沿龙门山构造带向东挤压，遇到四川盆地之下刚性地块的顽强阻挡，造成构造应力能量的长期积累，最终在龙门山北川—映秀地区突然释放。

在挤压应力作用下，由南西向北东逆冲、右旋走滑运动，2008年5月12日14时28分首先从映秀产生破裂(震源区)，这一破裂过程继续向北东方向延伸，断裂带以每秒钟2～3km的速度向北东方向撕开，经过北川最后终止于青川。破裂持续时间约2min，长度约240km。

2.2 汶川地震余震分布

据中国地震台网中心测定，截至2009年02月06日12时，汶川地区共发生4.0级里氏以上余震294次，其中4.0～4.9级地震251次，5.0～5.9级地震35次，6.0级以上地震8次(不包括主震)，最大余震为6.4级。

从强余震的时空迁移来看，震后早期由于破裂区域强烈的调整活动，5月13日之前5级以上余震在整个破裂带均有分布，南段相对集中。5月14日至17日，主要集中在破裂起始点附近的余震区南段发生，北段5级以上余震活动平静，但作为破裂扩展的终止区域，北段的高应力状态显而易见，因而5月18日之后强余震逐渐北迁，先后发生了平武6.0级、青川6.4级和宁强5.7级等强余震。待北段调整活动告一段落之后，5级以上余震在6月5日至11日之间又逐渐迁移至南段，但该时段余震强度不高，最大余震仅为5.1级。6月11日之后序列中5级地震平静34d，直至7月15日在余震区中段绵竹发生5.0级余震，此后余震区北段相继发生了7月24日宁强5.6级和6.0级，8月1日平武、北川交界处6.1级和8月5日青川6.1级等多次6级左右的强余震。归纳起来，5月18日以后，余震区北段成为序列较强余震的主体活动区域，所有的5.5级以上强余震均发生在该区域，显示了主震破裂扩展过程止裂端较高的应力累积状态。

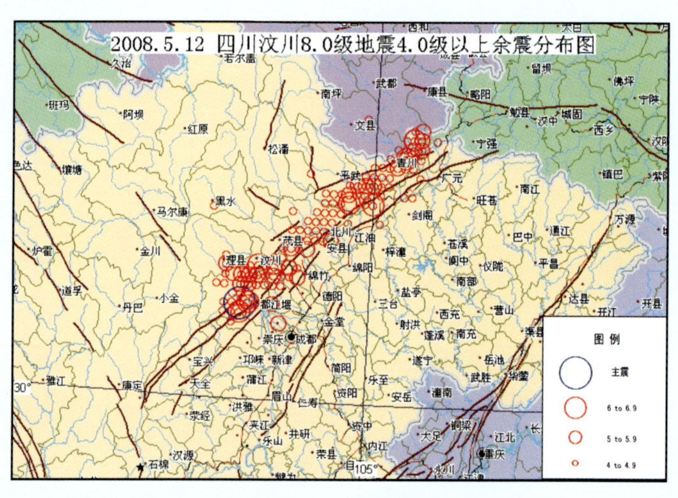

▲| 余震分布图(中国地震信息网)

第3章 汶川地震公路受损综述

3.1 灾区公路基本情况

汶川地震导致四川、甘肃、陕西3省部分地区受灾。

根据民政部、发改委、财政部、国土资源部、地震局等五部委颁发的《汶川地震灾害范围评估结果》，汶川地震极重灾区共10个县(市)，均位于四川省；重灾区共41个县(市、区)，其中四川省29个县市，甘肃省8个县市，陕西省4个县市，一般灾区共186个县(市、区)，其中四川100个，甘肃32个，陕西36个，重庆10个，云南3个，宁夏5个。总面积近13.2万km^2，总人口约2 123万人。

地震灾区范围公路分布总里程62 671km，其中二级及以上公路4 594km，占7.3%；三级公路5 011km，占8%；四级公路和等外公路53 069km，占84.7%。

汶川地震重灾区及极重灾区范围

范围类别	省份	县（市、区）
极重灾区（10个）	四川省	汶川县、北川县、绵竹市、什邡市、青川县、茂县、安县、都江堰市、平武县、彭州市
重灾区（41个）	四川省（29个）	理县、江油市、广元市利州区、广元市朝天区、旺苍县、梓潼县、绵阳市游仙区、德阳市旌阳区、小金县、绵阳市涪城区、罗江县、黑水县、崇州市、剑阁县、三台县、阆中市、盐亭县、松潘县、苍溪县、芦山县、中江县、广元市元坝区、大邑县、宝兴县、南江县、广汉市、汉源县、石棉县、九寨沟县
	甘肃省（8个）	文县、陇南市武都区、康县、成县、徽县、西和县、两当县、舟曲县
	陕西省（4个）	宁强县、略阳县、勉县、宝鸡市陈仓区

地震实区公路基本情况表（单位：km）

类别	合计	国道	省道	县道	乡道	专用公路	村道	高速	一级	二级	三级	四级	等外
总计	62 671	2 383	3 619	11 431	12 723	1 079	31 436	4 33	6 73	3 487	5 011	27 406	25 663
四川	45 897	1 685	2 753	8 680	10 322	941	21 517	339	6 73	2 951	3 669	21 714	16 551
甘肃	8 809	446	622	1 700	894	139	5 009	0	0	220	905	2 245	5 440
陕西	7 965	252	244	1 052	1 506	0	4 910	94	0	316	437	3 447	3 672

3.2 公路基础设施受损情况

“5·12”汶川地震受损公路总里程31 412km，直接经济损失612亿。

3.2.1 四川省

本次地震灾害使9条在建和已建的高速公路不同程度受损，其中通往震中映秀的都汶高速公路震害尤为严重。此外，成都至绵阳、绵阳至广元、广元至棋盘关、广元至巴中、雅安至泸沽、成都至邛崃、成都至都江堰、成都至彭州等8条高速公路也存在部分路基沉降、路面开裂、桥梁损坏、隧道初期支护及二次衬砌破坏、洞内渗漏水等震害。

汶川地震导致四川省地震灾区5条国道（包括G108、G212、G213、G317、G318）、11条省道（包括S101、S105、S106、S202、S205、S210、S211、S301、S302、S303、S306）不同程度受损。其中位于地震烈度Ⅷ度以上地区的G213、S302、S303的部分段受损尤为严重，震后短期难以抢通。

灾区内8个市州39个县（市、区）农村公路累计损毁约24 103km，受损公路客运站为392个。

四川省公路基础设施损失达562.8亿元，其中高速公路损失约26.7亿元，国省干线公路损失约244.3亿元，农村公路损失约285.7亿元，客运站损失约6.1亿元。

3.2.2 甘肃省

汶川地震导致甘肃省地震灾区2条国道（G212、G316）、9条省道（S205、S206、S208、S219、S306、S307、S313和省管X482、X484）不同程度受损。

陇南、甘南2个市州8个县区农村公路累计损毁约5 518km，灾区内共计损坏县级客运站10个、乡镇级客运站18个。

据统计，甘肃省国省干线公路损失约22.8亿元，农村公路损失约22.4亿元。

3.2.3 陕西省

汶川地震致使陕西省地震灾区1条国道（G108）和2条省道（S210、S309）不同程度受损，灾区4县区农村公路累计受损约1 791km，灾区内共计损坏公路客运站9个。

据统计，陕西省公路基础设施损失约3.9亿元。

3.3 汶川地震公路典型震害

3.3.1 路基典型震害与次生地质灾害

路基典型震害与次生地质灾害主要表现为以下几种类型：

(1) 路基整体错动、滑移；

(2) 路基坍滑、沉陷；

(3) 路基隆起、挤压；

(4) 崩塌和滑坡掩埋、摧毁路基；

(5) 堰塞湖淹没道路；

(6) 路基水毁；

(7) 落石砸坏路基；

(8) 部分支挡结构物失效。

3.3.2 桥梁典型震害

桥梁典型震害可归纳为全桥损毁、部分孔跨损毁以及构件震害三种类型。

全桥损毁可分为全桥倒塌、滑坡堆积体掩埋和堰塞湖淹没三种类型。

部分孔跨损毁可分为主梁落梁和部分孔跨被砸毁两种类型。

构件震害可分为：主梁开裂、移位、撞击损伤；支座移位、脱空；挡块撞坏；墩柱开裂、压溃、剪断；桥台开裂；锥坡开裂、下沉等。

▶ 崩滑体掩埋公路

▲| 震后的百花大桥

▲| 南坝旧桥　整体坍塌

3.3.3 隧道典型震害

隧道震害主要表现形式为：

（1）洞口被掩埋及砸坏；

（2）洞身衬砌开裂、掉块，坍塌；

（3）仰拱填充及路面开裂、隆起。

▲| 山体崩塌掩埋隧道洞口和路基

汶川地震

公路震害图集

第二部分 四川灾区公路震害

“5·12”汶川大地震使四川省交通基础设施损毁十分严重，损失十分巨大。根据对汶川地震灾害范围的评估，四川省内极重灾区达10个县(市)，重灾区为29个县(市、区)。地震灾害造成通往汶川、茂县、北川、青川等重灾县以及254个乡镇公路交通一度完全中断。重灾区的阿坝、广元、绵阳、成都、德阳、雅安等市(州)、39个县(市)的各类交通设施严重受损。其他灾区市(州)、县(市、区)的高速公路、国省干线、农村公路以及码头、客运站点和养护设施不同程度受损。

四川省内公路震损严重的公路主要有：国道213线都江堰至映秀段、都江堰至映秀高速公路、国道213线映秀至汶川段、省道303线映秀至卧龙段、省道105线彭州经北川至青川(沙洲)、省道302线江油经北川至茂县段，以及极重、重灾区内的其他公路。

汶川地震造成四川省公路基础设施损失达562.8亿元，其中高速公路损失约26.7亿元，国省干线公路损失约244.3亿元，农村公路损失约285.7亿元，客运站损失约6.1亿元。

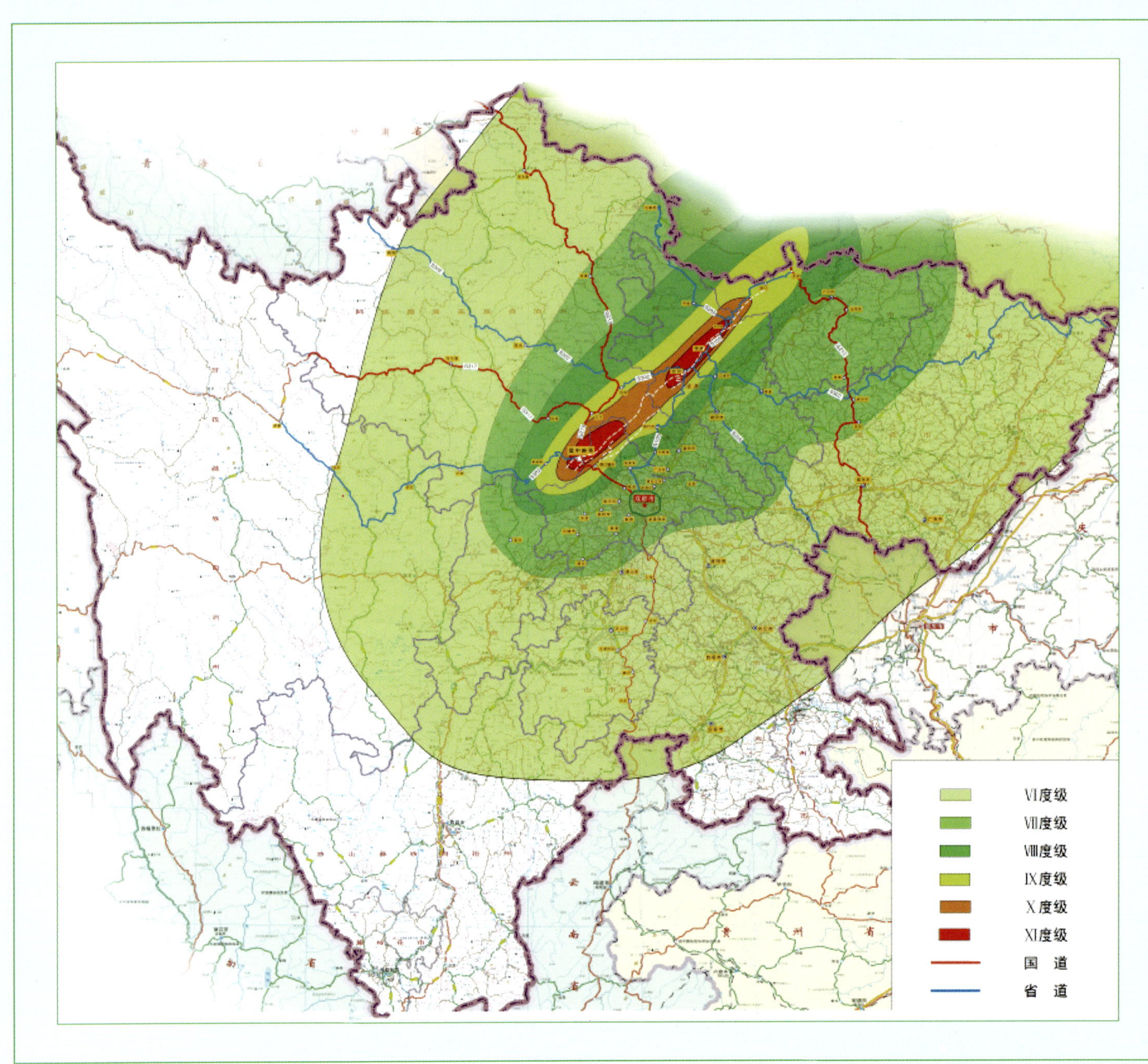

▲ 四川省国省干线公路受损分布示意图

第4章 国道213线都江堰至映秀段

国道213线都江堰至映秀段为三级公路，全长35km。该路沿岷江河谷逆流而上，地形陡峻，相对高差大。路线位于龙门山前山断裂和中央断裂之间，岩体破碎，地质构造复杂。

该段崩塌、滑坡共计56处，路基开裂、滑移、沉陷普遍。桥梁普遍受损，其中寿江大桥、古溪沟桥及蒙子沟桥严重受损，百花大桥第五联垮塌，其余联受损严重致使完全丧失使用功能。路段内三座隧道中友谊隧道、白云顶隧道受损较严重，马鞍石隧道受损较轻。

▶ 公路位置示意图

4.1 路基与次生地质灾害

汶川地震诱发的公路次生地质灾害主要表现为上边坡岩体崩塌、滑移掩埋公路，以及坡面泥石流冲毁、掩埋公路。

全线路基震害共计93处，主要表现为：路基开裂、滑移、沉陷；挡墙坍塌、外倾，抗滑桩倾斜变形；路堑边坡垮塌，部分防护工程破坏、失效等。

▲ 绕坝路K1+650崩塌、滑移（清理中）

▲ | K1035+200～K1035+280崩塌体掩埋公路（近景）

▲ | K1035+200～K1035+280斜坡崩塌（全貌）

▲ K1034+200～K1034+280崩塌，砸坏挡墙

▲ K1032+400～K1032+500路基内侧沉陷，错台开裂

▲ K1032+400～K1032+450路基内侧沉陷，错台开裂约0.7m

▲ K1031+300坡体挂网喷浆表层剪出

▲ K1029+800路面隆起

▲ K1029+500路基纵向严重开裂

▲ K1027+850崩塌，巨石掩埋公路

▲ K1029+400路基沉陷错台

▲ K1026+500路基纵向开裂，长约30m，裂缝宽约30cm

▲ K1024+250～K1024+330崩塌，掩埋公路（远景）

▲ K1024+250～K1024+330崩塌，掩埋公路（近景）

▼ K1023+600挡墙中部剪切破坏

▲ K1022+900加筋土高挡墙（墙高18m）中下部破坏，墙面扭曲变形

K1021+900路基严重沉陷、错台开裂

K1021+900崩塌，掩埋公路

▲ | K1019+520～K1019+615上边坡崩塌，掩埋公路

▲ | K1018+920～K1018+955框架梁折断、开裂

▲ | K1018+920～K1018+955锚索锚头脱落、锚索失效

▲ K1018+800～K1018+840抗滑桩外倾（全貌）

▲ K1018+800～K1018+840抗滑桩外倾（侧面）

▶ K1018+800～K1018+840抗滑桩外倾，挡土板错动（局部）

▲ | K1018+400崩塌体掩埋公路，路基滑移

▲ | K1012+520～K1012+615挡墙坍塌，路面板悬空

▲ | K1010+550～K1010+620崩塌体掩埋公路，部分支挡工程破坏

▲ | K1010+200～K1010+390崩塌，掩埋公路

▲| K1011+500～K1011+600崩塌，掩埋公路（远景）

▲| K1011+500～K1011+600崩塌，掩埋公路（近景）

震中

牛圈沟

何家山

▲ | 震中牛圈沟碎屑流遥感图

核桃坪
百花大桥
白花滩村

震中全貌图

“5·12”汶川地震震中位置

▲ 震中碎屑流通过痕迹

▲ | K1008+320～K1008+500崩落巨石

▲ | K1008+320～K1008+500崩落巨石（已设置为纪念物）

▲ | 映秀—北川中央断裂通过带，公路横向错动1.7m、纵向隆起2.3～2.8m

▲ | 映秀—北川中央断裂通过带，公路隆起（侧向）

▲| 百花大桥 第5联完全倒塌

▲| 百花大桥 7号桥墩墩底压溃

◀| 百花大桥 第5联完全倒塌

▲ | 百花大桥 6号桥墩中部压溃，梁体移位

▲ | 百花大桥 第5联折断倒塌的桥墩

▲| 百花大桥 支座滑出，梁体悬空

▲| 百花大桥 第6联梁体纵移70cm，与桥台之间的伸缩缝破坏

古溪沟中桥　映秀岸桥台搭板悬空

渔子溪桥　梁体横移，支座滑落，桥面下沉

◀ 地震后的蒙子沟中桥

▶ 寿江大桥 梁体纵移，接近落梁

▲ 地震后的寿江大桥

4.3 隧道

国道213线都江堰至映秀段共有3座隧道：马鞍石隧道(477m)、友谊隧道(962m)、白云顶隧道(406m)。

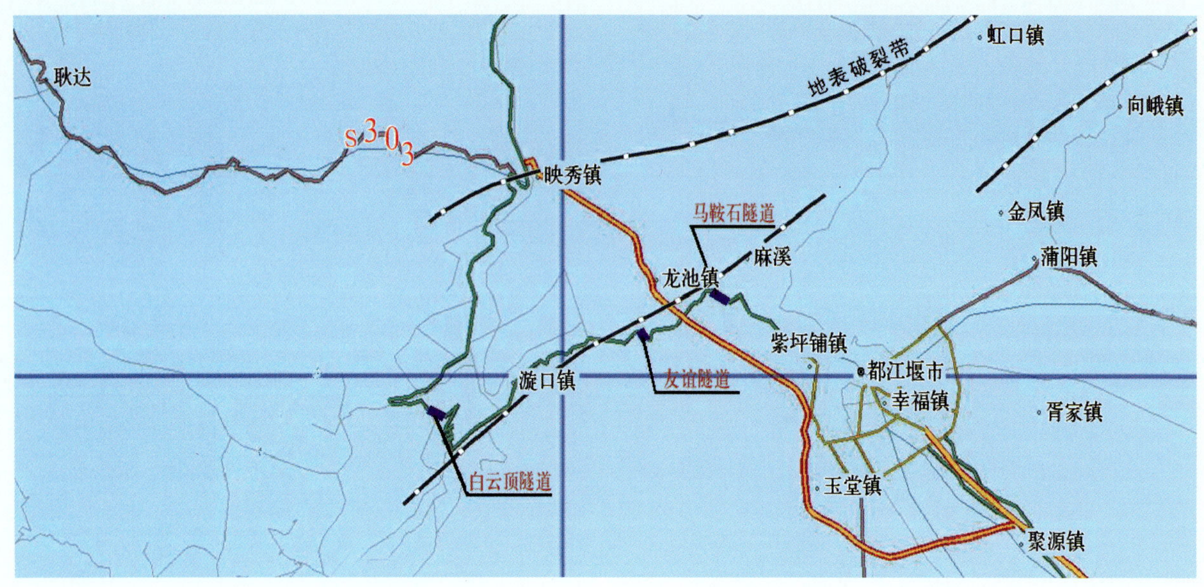

▲| 本节展示的隧道分布图

▼| 映秀端洞口仰坡垮塌

4.3.1 友谊隧道

该隧道是整个震区破坏最为严重的隧道之一，震后车辆无法通行。主要震害如下：施工缝几乎全部开裂；整个隧道路面开裂严重，裂缝纵横交错；仰拱大幅隆起，致使路面呈倒V字形；二次衬砌几无完好地段，破坏部位主要在两侧拱腰与拱顶，严重破坏段拱墙环向钢筋扭曲外凸、混凝土压溃脱落、局部发生垮塌。

▲ 衬砌拱腰剥落，钢筋外露

▶ 边墙混凝土剥落，钢筋外露

▲ 边墙钢筋扭曲，预埋洞破坏

▶ 侧墙变形，风机掉落

4.3.2 白云顶隧道

都江堰端洞口坡体崩塌，映秀端挡土墙开裂。隧道洞身主要震害为施工缝开裂及局部细小结构性裂缝，但在距离映秀端洞口60m附近隧道发生严重破坏，二衬错台近40cm，环向钢筋严重弯曲外凸，混凝土局部垮塌，路面裂缝密布，错台达20cm以上。

▼| 都江堰端洞口边坡垮塌、落石

施工缝错位，边墙下沉，检修道倾斜，环向贯通裂缝

边墙溃裂，钢筋扭曲

边拱墙开裂、剥落

4.3.3 马鞍石隧道

马鞍石隧道映秀端洞口边仰坡崩塌破坏，主要震害形式为施工缝开裂、路面开裂及二衬开裂等。

▼| 都江堰端洞口

▲| 洞内路面开裂

▲| 衬砌边墙开裂、剥落

第5章 都江堰至映秀高速公路

在建都江堰至映秀高速公路起点接成灌高速公路，经玉堂、龙池、至映秀，路线全长26km，位于映秀—北川断裂下盘。前10km为平原区，其后为高中山峡谷区。线路通过区地震烈度为9～11度。

汶川地震导致路基沉陷、垮塌10处，滑坡崩塌10处；全线38座桥梁均受到不同程度的破坏，严重受损的桥梁有映秀岷江大桥、庙子坪岷江特大桥、新房子大桥和映秀顺河桥；全线共有4座隧道，其中龙溪隧道震害最为严重。

5.1 路基与次生地质灾害

路基震害主要类型有填方路基沉陷及其引起的边坡破坏、路面开裂，挡墙移位、坍塌；次生地质灾害主要表现为崩塌与落石等。

▲ | K10路基纵向开裂，长达数十米，宽约30cm

▲| K21+010新房子大桥桥头挡墙坍塌

▲| K25+500中央断裂带通过区 顺河挡墙外倾、错位

5.2 桥梁

都江堰至映秀高速公路共有桥梁38座，其中映秀岷江大桥、庙子坪岷江特大桥、新房子大桥及映秀顺河桥震害严重。主要震害类型有桥梁垮塌、落梁破坏、崩塌体掩埋桥梁、桥墩倾斜。

▼| 都映高速公路展示的桥梁分布图

▲| 映秀岷江大桥 左岸山崩，掩埋、推移桥梁

▲ | 映秀岷江大桥 第1跨被掩埋、砸断

▲ | 映秀岷江大桥 梁体旋转横移，露出支座垫石

▲ | 庙子坪岷江特大桥总貌

▲ | 庙子坪岷江特大桥 第10跨引桥落梁

▲| 庙子坪岷江特大桥 主桥纵横向移位

庙子坪岷江特大桥 第10跨引桥落梁

庙子坪岷江特大桥 主桥挡块破坏

庙子坪岷江特大桥 10号桥墩处桥面连续损坏

▲| 庙子坪岷江特大桥 T梁坠落时损坏的11号桥墩盖梁

▶ 地震后的新房子大桥

▶ 新房子大桥 梁体移位

▲ 新房子大桥 桥台后挡墙坍塌

▲ 映秀顺河桥 桥位跨越主断层，全桥倒塌

◀ 映秀顺河桥 倒塌的桥跨

▶ 映秀顺河桥 墩柱剪切破坏

5.3 隧道

都江堰至映秀高速公路共有4座隧道，即紫坪铺隧道（3 881m）、龙洞子隧道（1 024m）、龙溪隧道（3 691m）和烧火坪隧道（450m）。其中龙溪隧道震害极为严重。

▼| 都映高速公路展示的隧道分布图

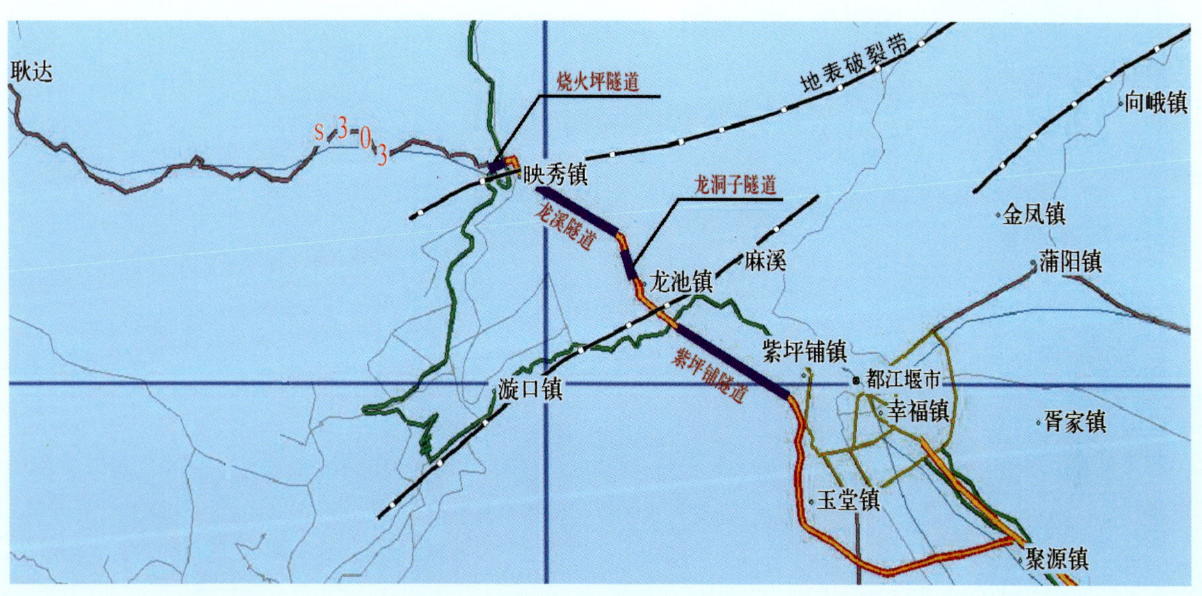

（1）龙溪隧道

龙溪隧道素混凝土衬砌段开裂、剥落、大面积垮塌，钢筋混凝土衬砌段剥落、钢筋弯曲外露，洞室整体坍塌近200m；未施做二衬地段初期支护破损严重，喷混凝土剥落、掉块，钢架扭曲变形；仰拱大幅隆起达80cm，都江堰进口段发生抬升，洞内地下水聚集。

▲| 映秀端洞口崩塌

▲| 衬砌混凝土大面积开裂、错台

▲| 衬砌混凝土剥落，裂缝密布

▲| 衬砌垮塌

▲ 拱顶整体坍塌

拱部临时工字钢压曲变形

拱部喷混凝土剥落

拱腰衬砌混凝土剥落，钢筋扭曲外露

拱部衬砌垮塌，初期支护变形

▲| 仰拱填充隆起，中央水沟上覆混凝土与仰拱填充分离错台

▲| 仰拱填充隆起、碎裂

（2）龙洞子隧道

该隧道都江堰端洞口崩落巨石，映秀端洞口仰坡垮塌。隧道衬砌开裂、垮塌。仰拱填充多处开裂、错台，局部隆起。洞内沟槽多处损坏并与衬砌、路面裂缝形成环向贯通。

▲ 都江堰端洞口巨石崩落

▲| 映秀端洞口仰坡崩塌，堵塞洞口

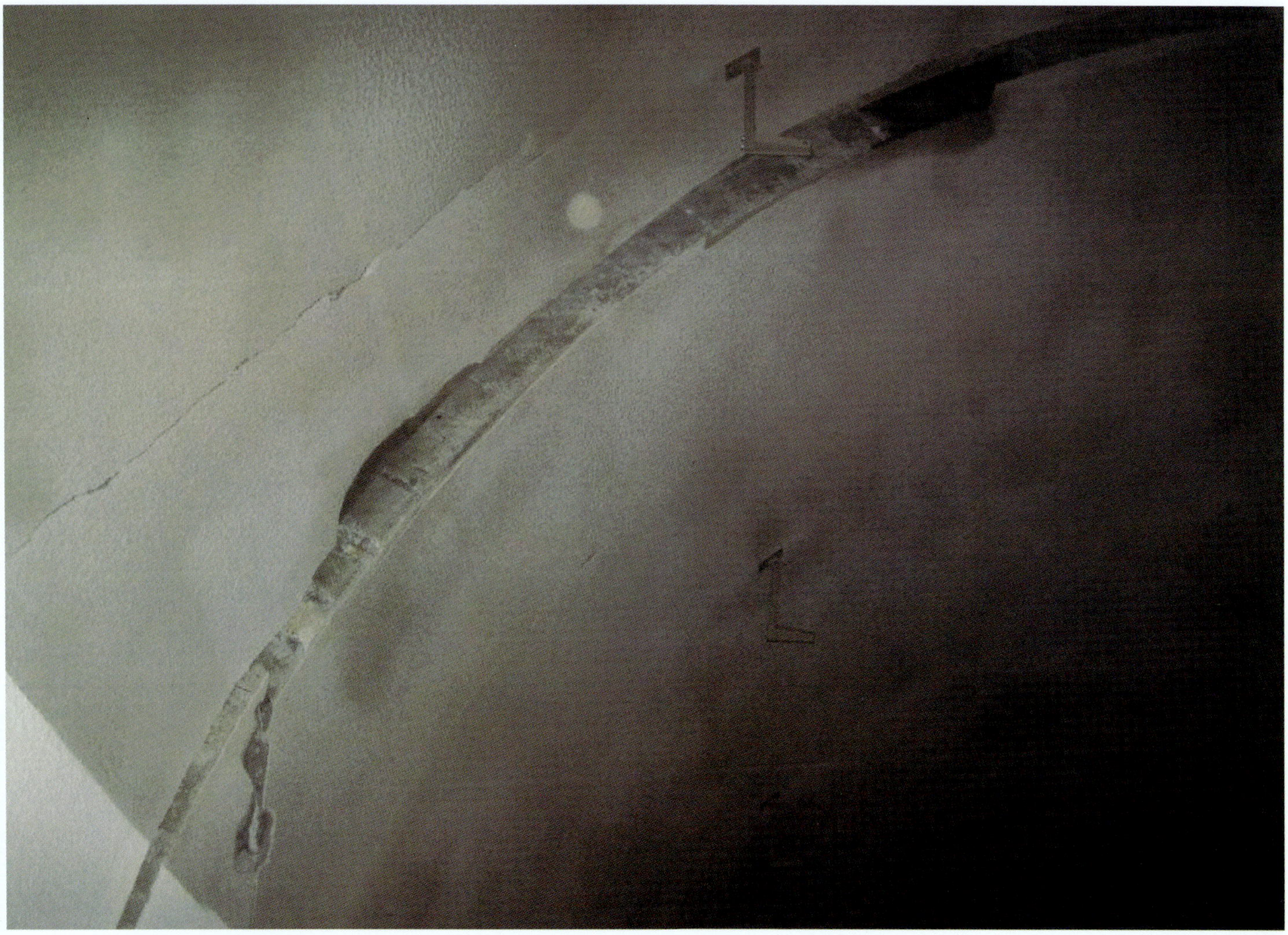

▲| 拱部衬砌开裂、掉块

▲| 拱腰衬砌掉块，防水板外露

▲| 电缆沟槽、侧墙开裂

（3）紫坪铺隧道

该隧道震害主要为衬砌开裂，局部地段混凝土剥落、掉块、钢筋弯曲外露；仰拱填充大范围小幅隆起，局部地段仰拱断裂。

▲| 边墙多处开裂渗水

▶ 仰拱填充人字形开裂

◀ 仰拱填充横向开裂与沟槽贯通

▲ 洞内积水

（4）烧火坪隧道

该隧道映秀端洞口仰坡开裂、坍塌；卧龙端洞口山体垮塌，掩埋洞口，衬砌开裂、渗水、局部掉块，钢筋压曲，环向施工缝开裂、错台。

▲ | 卧龙端洞口震后被掩埋

▲ | 抢通后的卧龙端洞口

▼ | 映秀端洞口仰坡垮塌，洞口与桥台错台

第6章 国道213线映秀至汶川公路

映秀至汶川公路起自映秀镇，沿岷江峡谷两岸展布，经草坡、绵虒至汶川，位于汶川地震发震断裂—映秀至北川断裂的上盘。映秀至汶川新路接都映高速公路K25处为二级公路，长56km，2007年底建成通车。老路为原213线，三级公路，长57km。

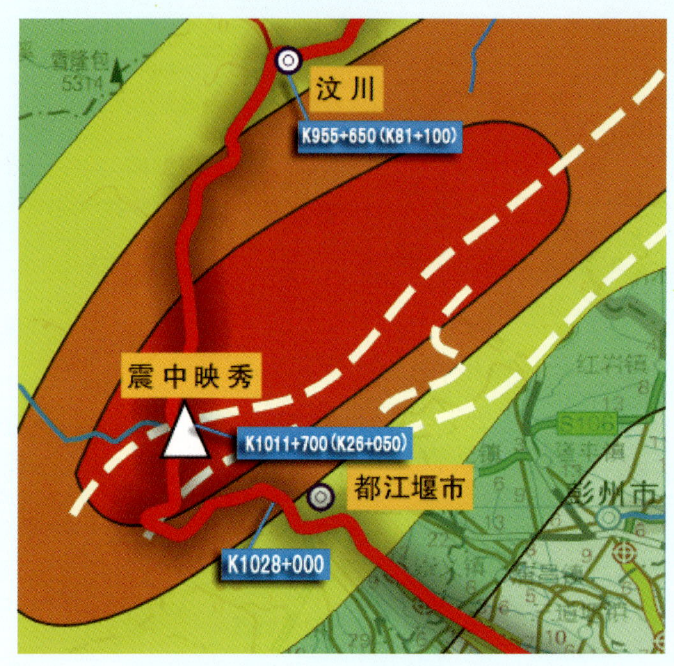

▲｜映秀至汶川公路路线示意图

汶川地震导致映秀至汶川新老公路严重破坏，地震烈度9～11度。映秀至草坡段（长28km）滑坡、泥石流、崩塌、飞石等次生灾害极其严重，老路损毁率近80%；新路损毁率近65%。

6.1 路基与次生地质灾害

路基震害与次生地质灾害主要分布于映秀至草坡段。路基震害类型有沉陷、开裂、滑移、扭曲、隆起、部分防护工程的失效等；次生地质灾害主要表现为滑坡、崩塌、泥石流等砸坏桥梁、掩埋路基，及水毁路基等。

▶ K25+600～K25+858（映秀），上边坡崩滑体航摄影像

◀ K25+600～K25+858（映秀），崩滑体掩埋公路以及映秀岷江大桥

▲ | K28老虎嘴，堰塞湖段遥感影像图（四川省国土资源厅提供）

▲ | K28老虎嘴，滑坡壅塞体

▲ K28+500～K28+860老虎嘴，公路右侧高陡斜坡沿外倾结构面发生大规模滑坡，掩埋公路及桥梁，形成堰塞湖

▲ K28老虎嘴，滑坡壅塞体及堰塞湖淹没公路

▲K29豆芽坪，挡墙坍塌

▲K29+400～K30+200豆芽坪，岷江右侧斜坡崩塌掩埋老路

▲ K30+000麻柳湾，崩塌落石砸坏护面墙和框架梁，掩埋半幅公路

► K30麻柳湾，岷江右岸泥石流沟口

▲ | K33+866～K34+690太平驿，崩塌掩埋老路，落石砸坏路面

▲ | K34太平驿，老路路基滑移，挡墙垮塌

▲ K35+920～K36+100银杏坪，崩滑体掩埋公路

▲ K37+080一碗水，上边坡基岩崩塌，落石砸断桥梁

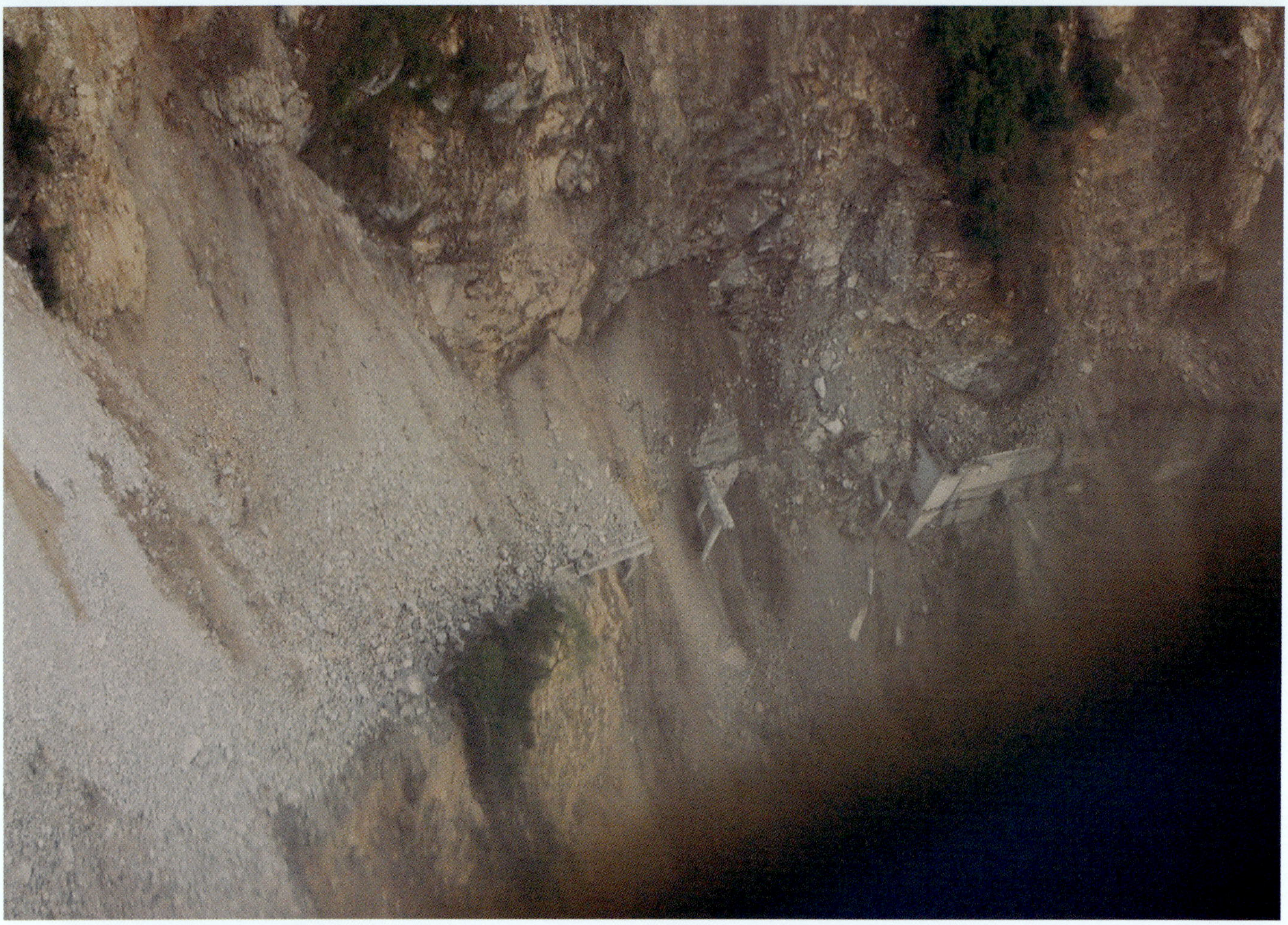

▲ K37+080 — 碗水，崩塌砸坏桥梁并掩埋公路

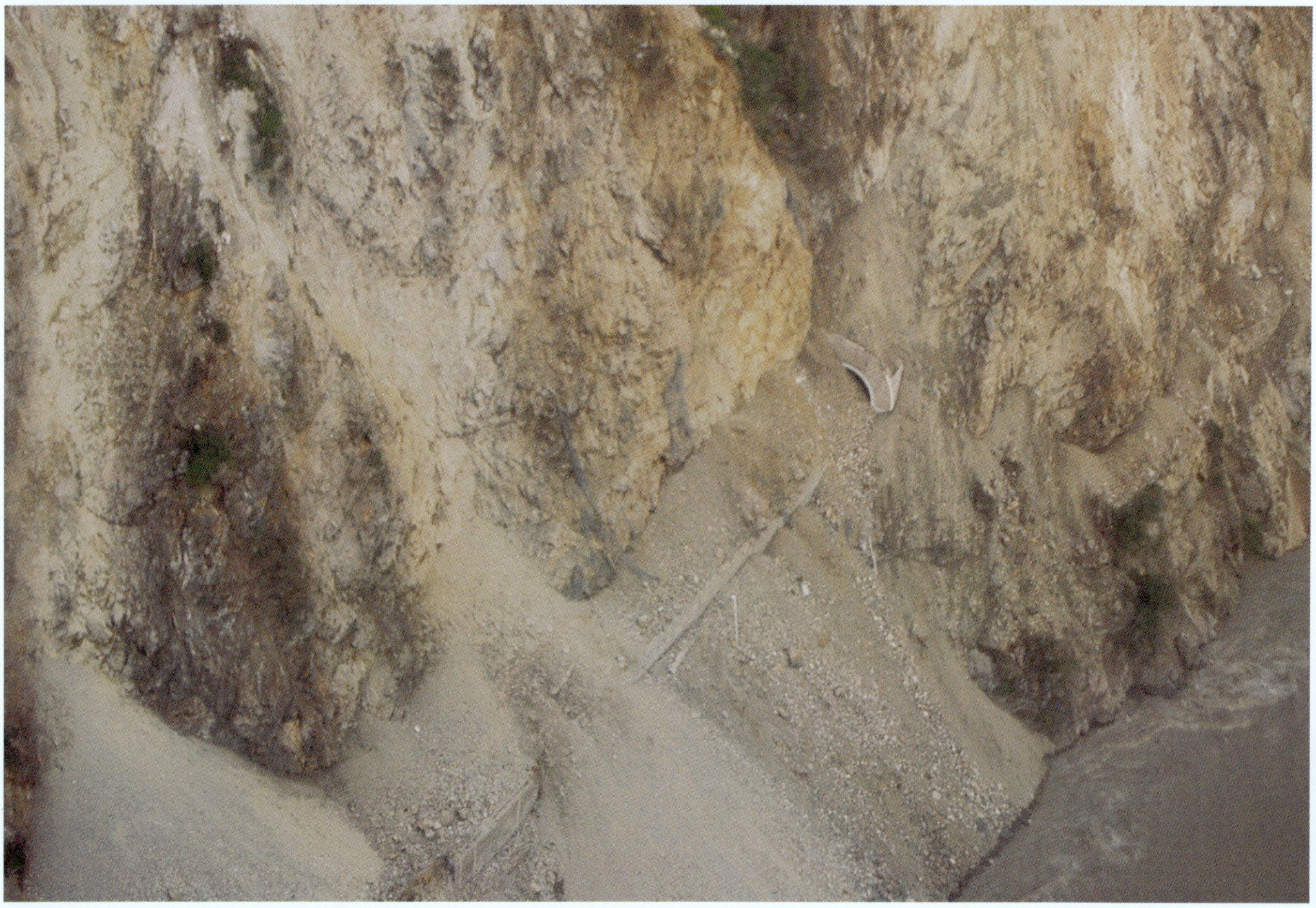

▲ K38毛家湾，隧道出口和公路被崩塌体掩埋

▲K38毛家湾，隧道出口段崩塌体掩埋隧道洞口和公路

▲K38毛家湾，崩塌掩埋老路

▲ K39银杏坪，路堑挡墙滑移破坏，路面分布零星落石

K40+350～K40+420连山村，斜坡上部岩体崩塌，公路被掩埋

K40+700连山村，约$30m^3$的巨石砸坏公路

K41+330～K41+470连山村，崩塌掩埋老路

K41连山村，崩塌堆积体掩埋公路

▼| K42+630～K42+950沙坪关，崩塌体掩埋公路

▲ | K43罗圈湾，崩塌体掩埋公路

▲ | K43+500彻底关，岷江两侧大量崩塌灾害，崩塌堆积体连续分布

▲ K44：彻底关大桥右侧高陡斜坡崩塌航空影像

▲ K44+400彻底关，崩塌堆积体掩埋彻底关隧道进口

▲ | K44，彻底关大桥右侧高陡斜坡崩塌，落石砸断彻底关大桥

▲ | K47+300福堂坝，隧道出口崩塌，砸断桥梁

▲ | K48～K53桃关至草坡灾害群遥感影像图

▲ K49+180～K49+220桃关，崩塌砸毁桃关大桥映秀岸1－2跨并掩埋公路

▲ K49+550～K49+700桃关，崩塌掩埋公路

▲ K50+100～K50+300皂角湾，崩塌体掩埋公路并侵占岷江河道

▲ K50+600～K51+200皂角湾，大型滑坡掩埋公路，侵占岷江河道

▲│K52+280～K52+350草坡，大型崩塌，砸坏桥梁

▲│K52+500草坡，40m^{3}落石砸坏车辆和老路路基

▲│K52+300草坡，崩塌体掩埋老路，大桥被砸断

▼ K55～K80草坡－汶川段老G213
右侧边坡崩塌，掩埋公路

K55～K80草坡–汶川段老G213左侧边坡崩塌，掩埋公路

K55～K80草坡–汶川段公路崩塌掩埋公路

K55～K80草坡–汶川段公路左侧基岩斜坡岩体顺外倾结构面滑移，滑移体掩埋公路

6.2 桥梁

映秀至汶川二级公路桥梁共55座，以简支体系桥梁为主。由于距震中较近，在地震中桥梁破坏严重。桥梁的典型破坏如下：①地震次生灾害引发的山体崩塌将桥梁掩埋或砸毁，如K26+773顺河桥第一跨梁体被山体崩落体砸断，一碗水中桥被塌方的山体彻底毁坏，彻底关大桥第1～3跨遭受巨石撞击而完全倒塌；②桥墩的剪切破坏，如K26+773顺河桥部分桥墩在地震作用下剪断；③梁体移位以及梁体移位引起的盖梁端部挡块破坏，如独秀峰弯桥梁体移位达到53cm。

▼| 本节展示的桥梁分布图

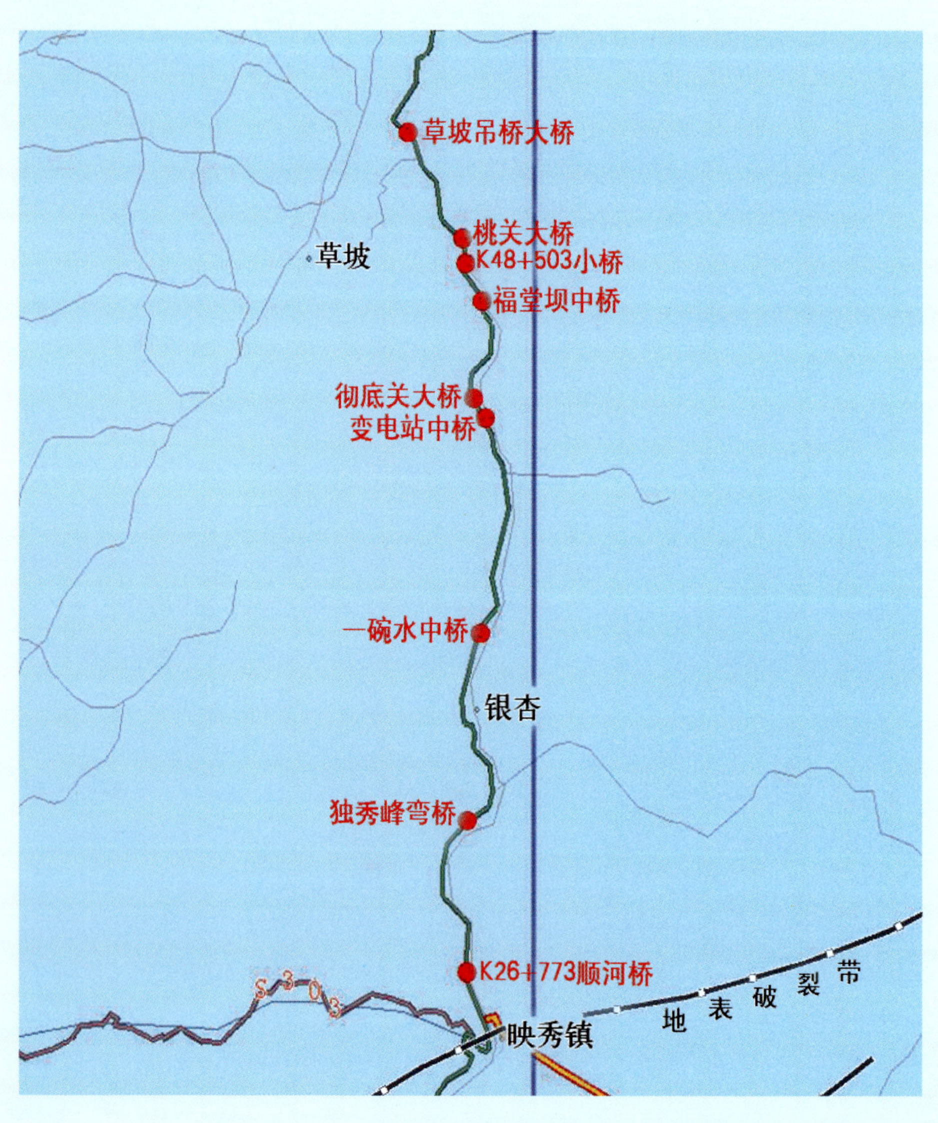

▲ | K26+773顺河桥 山体崩塌

▲ | K26+773顺河桥 梁体被砸断

▲K26+773顺河桥　梁体被砸断

▲K26+773顺河桥　墩柱剪切破坏

▲K26+773顺河桥　桥梁护栏和边板被砸坏

▲ | 一碗水中桥 第1～4跨被崩塌砸断

▲ | 独秀峰弯桥 梁体错位

▲ | K52+300老路彻底关拱桥 被飞石砸垮

▲ K52+300老路彻底关拱桥 被飞石砸垮

◀ 变电站中桥 梁体被崩塌砸断

▲ 航拍彻底关大桥

▲ 彻底关大桥 第1～3跨遭受巨石撞击而完全倒塌

◀ 彻底关大桥 梁体坠落岷江

彻底关大桥 山体崩塌

彻底关大桥 墩柱被巨石砸坏

彻底关大桥 墩柱被巨石砸坏

彻底关大桥 巨石体积达120m^3

▲ K48+503小桥 桥台破坏

▲ 福堂坝中桥 山崩掩埋、砸断桥梁

▲ 桃关大桥 崩塌砸断第1～3跨主梁

▲ 桃关大桥 第3跨断裂，盖梁挡块破坏

▶ 草坡吊桥大桥 共4跨桥梁跨塌

▲ 草坡吊桥大桥 桥位山体崩塌严重

6.3 隧道

国道213线映秀至汶川段公路共有7座隧道，即皂角湾隧道（1 925m）、毛家湾隧道（399m）、彻底关隧道（403m）、福堂坝隧道（2 385m）、桃关隧道（625m）、草坡隧道（759m）、单坎梁子隧道（1 555m）。所有隧道洞身结构无明显震害，主要震害是崩塌落石堵塞洞口。

▲| 毛家湾隧道 汶川端洞口被崩塌岩体掩埋

皂角湾隧道 汶川端洞口仰坡落石，帽石砸坏

毛家湾隧道 映秀端洞口仰坡垮塌

福堂坝隧道 映秀端洞口被崩塌岩体掩埋

桃关隧道 映秀端洞门墙断裂

草坡隧道 映秀端崩塌岩体堵塞洞口

草坡隧道 汶川端洞口仰坡垮塌，洞门墙砸坏

第7章 省道303线映秀至卧龙段

省道303线映秀至卧龙公路起自映秀镇，沿渔子溪高山峡谷上行，经耿达至卧龙。路线全长45km。该公路为二级公路，自2005年开始改建，地震前基本完工但尚未正式通车，该段地震烈度为9～11度。

汶川地震造成公路沿线严重损毁，崩塌、滑坡及泥石流等次生地质灾害极为发育，并形成14处壅塞体，大段公路路基被埋或被淹，多座桥梁被毁，隧道进出口被埋。

▼| 公路路线位置示意图

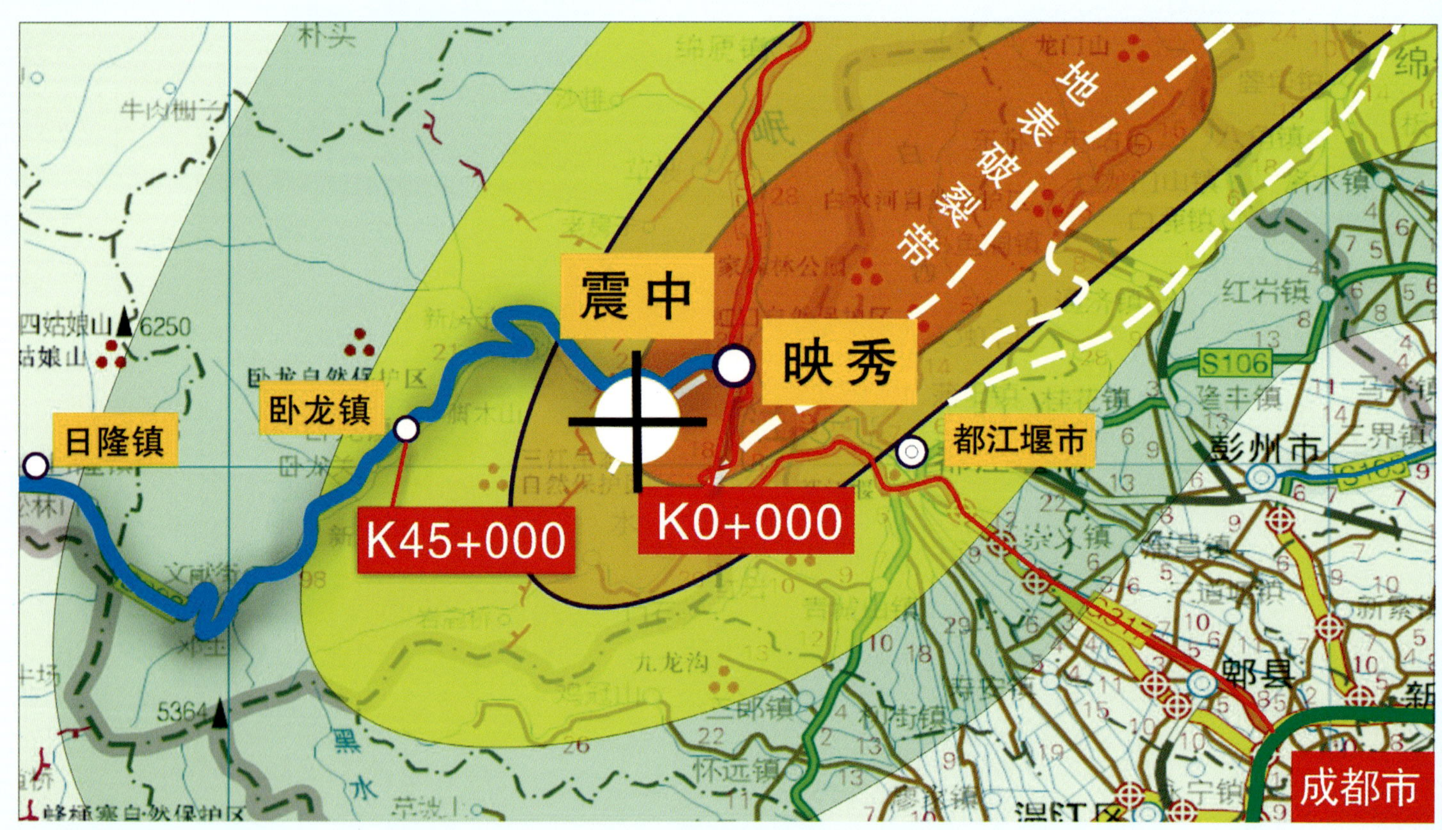

7.1 路基与次生地质灾害

该公路沿线以耿达附近通过的茂汶断裂为界，可划分为两段，映秀至耿达段（中央主断裂和后山断裂之间）和耿达至卧龙段。

映秀至耿达段为元古代澄江—晋宁期之中基性侵入岩类，主要为中细粒辉长岩、闪长岩及石英闪长岩，岩质坚硬，地形陡峻，80%路段被次生地质灾害损毁。

耿达至卧龙段为志留系茂县群、泥盆系危关群、石炭系、二叠系、三叠系地层，主要为石英片岩、变粒岩，千枚岩，变质砂岩，灰岩等，部分路段被次生地质灾害损毁。

▲ | K0+000～K1+900烧火坪隧道出口段次生地质灾害遥感影像图

▲ | 崩塌体掩埋公路及烧火坪隧道出口

▲ | K1+740～K1+900滑坡掩埋公路

▲ | K1+740～K1+900滑坡全貌，掩埋公路

▲ K1+300崩塌，掩埋公路

◀ K2+950崩塌，掩埋公路

▲ 震前的瀑布山庄

▶ 震后的瀑布山庄，泥石流掩埋公路

▲| 震后瀑布山庄，泥石流于2008年6月24日爆发，掩埋公路

▲ | K3+660～K4+250滑坡(南华坪堰塞湖)，滑坡及堰塞湖掩埋公路

▲ | K7+800～K8+000崩塌，掩埋公路

◀ 崩塌体堰塞河道，公路路面被冲毁

K9+350～K9+500崩塌，掩埋公路，弹射飞石击毁房屋，损毁路面

▲ 震前渔子溪1号桥

▲ 崩塌体掩埋盘龙山隧道出口，砸断渔子溪1号桥

▲| 崩落块石击毁渔子溪2号桥

▶| 渔子溪2号桥映秀侧崩塌，掩埋公路

▲ | 渔子溪2号桥卧龙侧崩塌，掩埋公路

◀ 震前卧龙山门

▲ 震后卧龙山门

▲ K12崩塌体掩埋公路

▶ K12+500崩塌体掩埋公路

▲K13段崩塌，掩埋大段公路

▲K16+200堰塞湖淹没公路

K13+500崩塌体壅塞河道

▲| 崩塌体壅塞河道形成堰塞湖，掩埋公路

▲| 渔子溪3号桥右侧泥石流掩埋公路

▲ K18＋550～K18+720泥石流掩埋路基及部分桥梁

▲ | K19+200崩塌，掩埋公路

▶ | K29+250～K29+400崩塌，掩埋公路

▲ | K30+050～K30+080崩塌，击毁桥梁

▼ K33崩滑体掩埋公路

▲ K35+560～K35+970崩塌体顺坡堆积，掩埋公路

▲ K38+060～K38+250崩塌，掩埋公路

▲ K16+300落石砸坏挡墙

▲ K9+900崩塌体掩埋并砸坏挡墙

7.2 桥梁

省道303线映秀至卧龙段公路共有桥梁33座，桥梁震害主要是由于崩塌落石灾害损毁所致。

▼| 本节展示的桥梁分布图

▲| 渔子溪1桥 前4跨被落石砸塌

▲| 渔子溪1桥 前4跨被落石砸塌

▲| 渔子溪2桥 倒塌的梁体

▲| 渔子溪2桥 梁体折断成三截

▶| 渔子溪2桥 梁体被砸断

震后的渔子溪3桥

渔子溪3桥　桥面板被巨石砸穿

渔子溪3桥　桥面板被巨石砸穿

7.3 隧道

该段公路共有2座隧道，即盘龙山隧道(381m)、耿达隧道(823m)。盘龙山隧道洞口边仰坡崩塌落石，掩埋大半洞口；耿达隧道仰坡崩塌，明洞被落石击穿。

▲ | 耿达隧道映秀端明洞被落石砸穿

▲| 盘龙山隧道卧龙端洞口部分被掩埋

▲| 盘龙山隧道映秀端洞口崩落块石

▲| 耿达隧道映秀端明洞被落石砸穿

第8章 省道105线彭州经北川至青川(沙洲)段

省道105线彭州经北川至青川（沙洲）段公路，其中彭州至绵竹段为二级公路，绵竹至北川公路段为一级、二级公路，北川至青川段为二级、三级公路，青川至沙洲为三级公路。公路经过地形分为两类：彭州—绵竹—安昌段为平原地形，安昌—北川—青川—沙洲段为山区地形。线路走向为北东走向，并与汶川地震的发震断层——龙门山中央断裂带走向大致平行，其经过区地震烈度从7度到11度不等。彭州经什邡、绵竹、安县至北川段，位于映秀—北川中央断裂的下盘；路线经北川、南坝至青川（沙洲）段，位于中央断裂的上盘，并在北川县城附近与汶川地震发震断层相交错。

省道105线距断层较近。位于平原地区的路段破坏相对较轻，但部分路段出现了砂土液化现象。山区路段破坏相对严重：①山体垮塌掩埋公路及泥石流冲毁掩埋公路；②路基震害表现为沉陷、开裂，路堑墙底部坍塌破坏；③路线与断层交叉路段的桥梁破坏最为严重，如陈家坝大桥、南坝大桥；④隧道震害主要是二衬裂缝开裂，如牛角垭隧道。

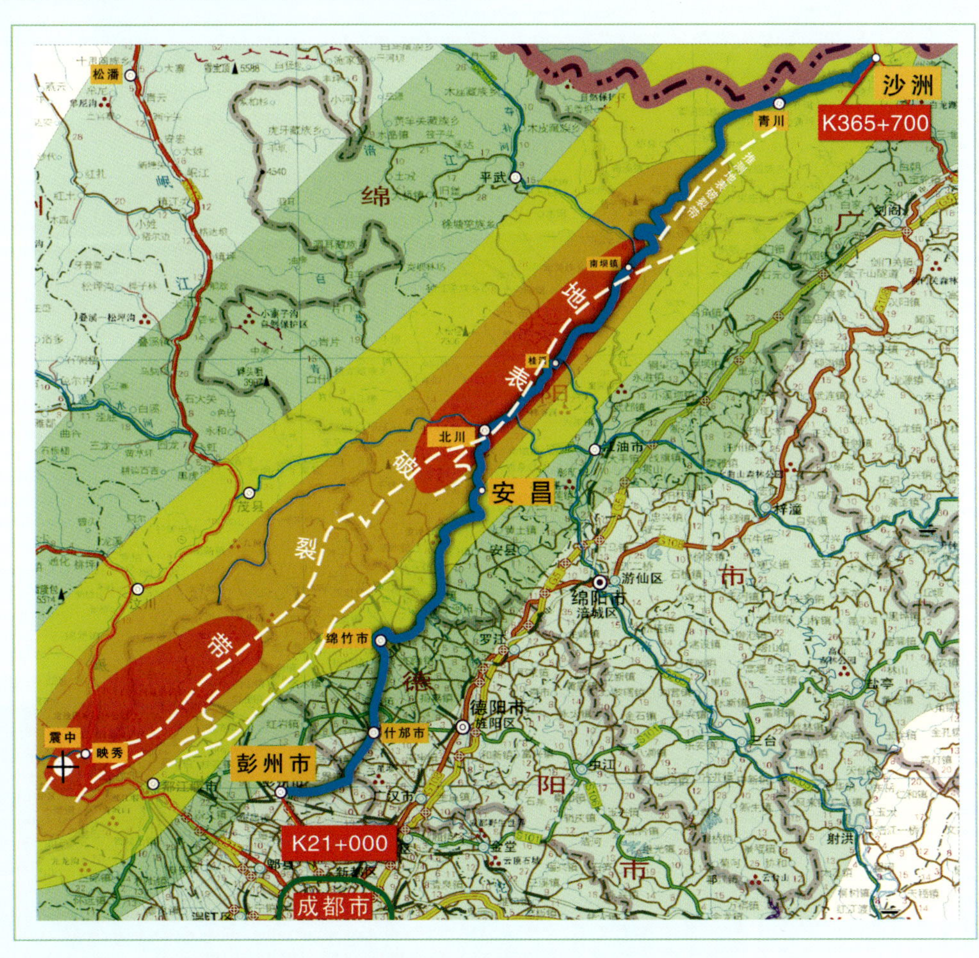

▶ 公路路线位置示意图

8.1 路基与次生地质灾害

路基震害及次生地质灾害主要有平原区路段砂砾夹层地震液化；山区路基开裂、滑移、沉陷、隆起，挡墙倾斜变形、垮塌，边坡坍塌，以及山体滑坡、崩塌落石、坡面碎屑流、泥石流等次生地质灾害掩埋路基和砸坏路基，堰塞湖和泄洪影响导致路基被淹没或水毁。

◀ 四平镇段公路及右侧砂土液化

▶ 陈家坝泥石流，掩埋公路及桥梁

▲ 曲山镇滑坡掩埋公路

▲ 陈家坝滑坡掩埋公路

▲ 南坝镇涪江右岸滑坡，堰塞涪江并掩埋公路（红线示意公路）

▲ | 东河口堰塞湖淹没公路

▲ | 井田坝桥头崩塌掩埋公路

▲ | 擂鼓镇崩塌巨石，巨石方量约$50m^3$

▲ | 北川县城路基滑移

▲ 北川县城 路基滑移

▶ 北川县城 挡墙开裂

▲ 北川县城中河流护岸挡墙坍塌

◀ 北川县城附近 公路错断

▲ 北川县城附近 公路错断

▶ K109+000~K109+150桥头右侧路基滑移

▲ 北川县城附近 路面破坏

▲K229+340～K229+400落石砸坏公路

▲K169+500公路水毁

▶ 邓家坝 挡墙坍塌

▲ 桂溪 挡墙垮塌，路面脱空

8.2 桥梁

省道105线桥梁震害较少，但靠近断层附近的四座大桥均发生垮塌性破坏。主要震害为：①拱桥主拱圈断裂，全桥垮塌，如井田坝大桥、陈家坝大桥、南坝老桥；②落梁破坏，如在建的南坝新桥大部分梁板坠落。

▼ 本节展示的桥梁分布图

▶ 井田坝大桥 两跨拱桥完全坍塌

▶ 井田坝大桥 倒塌的桥墩与桥台

▶ 井田坝大桥 残留的引桥

◀ 地震后的南坝新桥

▲ 南坝新桥 大部分梁板坠落，桥墩倾斜

▲ 陈家坝大桥 全桥坍塌

▲ 陈家坝大桥 全桥坍塌

8.3 隧道

省道105线牛角垭隧道（1 614m）地震震害较为明显。主要震害是隧道二衬裂缝较多，局部裂缝较密集，多处拱顶有起皮、脱落现象，部分拱顶剥落、衬砌钢筋变形，部分施工缝开裂、错台、渗漏水。

▶ 拱腰处二衬开裂、错台

▶ 拱顶二衬局部掉块

▶ 边墙与拱部衬砌开裂、渗水

▼| 拱顶剥落，衬砌钢筋变形

第9章 省道302线江油经北川至茂县段

该段公路由江油经通口至邓家坝，与省道105线共线至北川，经禹里至茂县。江油至邓家坝段为三级公路，长34km；邓家坝至北川段为二级公路，长10km；北川至茂县为三级公路，长98km。该路穿龙门山前山断裂带（马角坝断裂带）和中央主断裂（北川—映秀断裂），地震烈度8～11度。

该公路江油至通口段震害轻微；通口至邓家坝段主要震害为崩塌、滑坡灾害，掩埋道路、损毁路面；北川至禹里段主要为唐家山堰塞湖掩埋公路，北川县城龙尾大桥严重受损；禹里至茂县段主要为崩塌滑坡等，规模一般不大。

9.1 路基与次生地质灾害

9.1.1 通口至邓家坝段

▲ 公路路基垮塌

公路左侧斜坡岩体崩塌，损毁公路

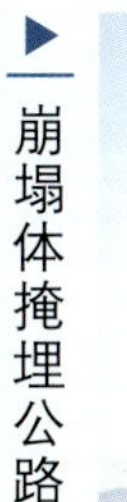

崩塌体掩埋公路

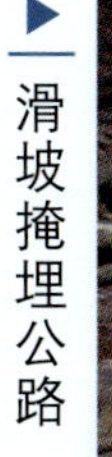

滑坡掩埋公路

9.1.2 北川至茂县段

▲ 唐家山堰塞湖遥感影像图（引自国土资源部）

▶ 唐家山滑坡

▲ 堰塞湖尾段禹里2008年6月8日淹没情况

◀ 崩塌体掩埋道路，砸坏护栏

◄ 崩塌体损毁公路

9.2 桥梁

▲ 北川垮塌的石蓑衣大桥和严重受损的湔江河大桥（来源于互联网）

▼ 地震后的龙尾大桥

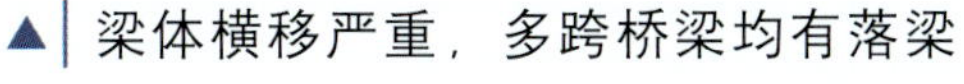

▲ 梁体横移严重，多跨桥梁均有落梁

▲ 桥墩倾斜和破坏

第10章 其他公路

其他震害严重的公路有国道213线汶川经茂县至川主寺段、国道317线汶川至马尔康段、国道212线罐子沟（川甘界）至广元段、都江堰市XN19线都江堰至龙池公路、 汶川县XU09线漩口至三江公路、彭州市XN44线彭州至银厂沟公路、绵竹市X101线汉旺经清平至篾棚子段、广元市XH10线金子山至青川公路、安县地方道路等，公路等级为二～四级。

汶川地震公路次生地质灾害主要有滑坡、崩塌落石、泥石流、堰塞湖等。路基震害主要表现为：路基开裂、滑移、沉陷；挡墙坍塌、外倾；路堑边坡垮塌；部分防护工程破坏。

桥梁震害主要包括桥梁垮塌，桥台、梁体、支座、基础等破坏。隧道震害包括衬砌开裂、错台、垮塌，初期支护变形，仰拱隆起。

10.1 路基与次生地质灾害

10.1.1 国道213线汶川经茂县至川主寺段

▶ K827+400～K827+800滑坡掩埋公路

▲ K854+500～K854+600路基沉陷、开裂

▶ K859+900～K860+000路基滑移破坏

▲ 汶川县城附近 余震诱发崩塌

▲ K858+100崩塌，掩埋公路

▲ 汶川县城 崩塌掩埋公路

▲ 滑坡掩埋公路

10.1.2 国道317线汶川至马尔康段

崩塌体掩埋公路

◀ 茂县附近崩塌

10.1.3 国道212线罐子沟(川甘界)至广元

▲ 国道212线 崩塌阻断公路

国道212线 滑坡掩埋公路

10.1.4 都江堰市XN19线都江堰至龙池公路

边坡滑塌，锚索加固段完好

崩塌掩埋公路

挡墙坍塌

挡墙坍塌，路基悬空

崩坡积物掩埋公路，滚石砸毁公路（最大直径约7.5m）

崩塌、滑坡体掩埋公路

龙池隧道龙池端滑坡破坏公路

10.1.5 汶川县XU09线漩口至三江公路

崩塌掩埋道路，路基沉陷开裂

堰塞湖抬高水位，淹没道路

黑龙潭崩滑体掩埋公路，堰塞河道

陈家山崩塌

10.1.6 彭州市XN44线彭州至银厂沟公路

▲ | 崩塌掩埋公路

◀ | 路基隆起、外侧滑移破坏

10.1.7 绵竹市X101线汉旺经清平至篦棚子公路

▲ 崩塌、落石掩埋公路，砸毁汽车

▲ K5+300～K5+520崩塌、滑坡掩埋公路

K7+300～K7+700泥石流掩埋路基

K9+900滑坡、崩塌掩埋公路

K10+350滑坡掩埋公路

K16+700中央断裂带错断、隆起公路，隆起高度4m（近景）

▶ K19+500～K19+800崩塌、滑坡掩埋公路

▲ K 18+000～ K 18+400崩塌、滑坡掩埋公路

▲| 堰塞湖抬高水位，冲毁路基挡墙

绵茂路小木岭旅游接待站（震前，2005年4月）

绵茂路小木岭旅游接待站（震后，公路和房屋被黑洞崖堰塞湖淹没）

绵茂路小木岭接待站上游1km公路及拱桥（震前，2008年4月）

▲ 绵茂路小木岭接待站上游1km公路及拱桥（震后，公路和拱桥被埋）

▲ 干沟上游2km公路及地貌（震前，2008年4月）

▲ 干沟上游2km公路及地貌（震后，瀑布消失，公路被埋）

▲ 崩塌掩埋公路，部分路段水毁

▲ 泥石流淤塞河道

▲ 崩塌掩埋公路

10.1.8 广元市XH10线金子山至青川公路

▲ 崩塌巨石阻路

◀ K16+300崩塌砸坏公路

▲ 崩塌掩埋公路

▶ K16+300路基沉陷错台

巨石砸坏路基，挡墙坍塌

挡墙坍塌，路面脱空

10.1.9 安县地方道路

▶ 安县高川堰塞湖淹没公路、车辆

▲ 安县肖家桥堰塞湖

◀安县墩秀路崩塌落石掩埋公路，砸坏车辆

10.2 桥梁

桥梁震害主要有桥梁垮塌、桥墩破坏、落梁破坏，滑坡、崩塌、泥石流等次生地质灾害冲毁桥梁等。

▲ 震后的回澜立交匝道桥

▲ 绵竹回澜立交桥 桥墩破坏（何建明、张大琦提供）

▲ 绵竹回澜立交桥 桥墩破坏（何建明、张大琦提供）

▲ 都江堰高原大桥 垮塌的梁体

▶ 都江堰高原大桥 垮塌的梁体

▼ 理县普头村桥 地震引发泥石流冲毁桥梁

▼ 茂县东兴乡竹包桥 泥石流冲垮梁体

◀ 红白镇红东大桥 完全坍塌

▲| 辕门坝桥 完全坍塌

▲| 绵竹汉旺绝缘桥 桥墩破坏

▲| 绵竹汉旺绝缘桥 堰塞湖泄洪将受损严重的4跨桥梁冲毁（何建明、张大琦提供）

▲ 小渔洞大桥 垮塌的两跨桥梁

▲ 震后的小渔洞大桥

▲ 小渔洞大桥 桁架拱构件剪切破坏

▲ 绵阳机场航站楼桥 桥梁全貌

▶ 绵阳机场航站楼桥 较矮的桥墩破坏

▶ 什邡迎新桥 桥梁垮塌

什邡迎新桥 桥梁垮塌

抢险人员通过受损的人行吊桥

10.3 隧道

震害较严重的为金子山至青川公路酒家垭隧道(2 080m)，震害主要为衬砌开裂、掉块、垮塌等。

▼ 衬砌大面积掉块，环向施工缝开裂

◀ 拱顶混凝土掉块，钢筋压曲外露

◀ 拱顶衬砌垮塌

◀ 边墙衬砌溃裂

▲ 拱部衬砌压溃，钢筋压曲外露

▼| 钢拱架扭曲变形

▲ 初期支护严重变形

▶ 仰拱填充开裂、错台

公路震害图集

第三部分　甘肃灾区公路震害

“5·12”汶川大地震波及甘肃省陇南、甘南2个市州、8个县(市、区)。灾区公路国道212线兰重路、国道316线福兰路、省道205线江武路、省道206线大姚路、省道306线徐家店至祁山堡、省道307线白望路、省道219线祁山堡—西和—成县、省道313线两河口至黑水沟、省道208线洛门至马街、县道(省养公路)482线康阳路、县道(省养公路)484线东峪口至青龙桥等2条国道、9条省道和部分农村公路不同程度受到震损，国省道受损总里程1 173km，农村公路受损5 518km，造成直接经济损失45.2亿元。

▼| 甘肃省国省干线公路受损分布示意图

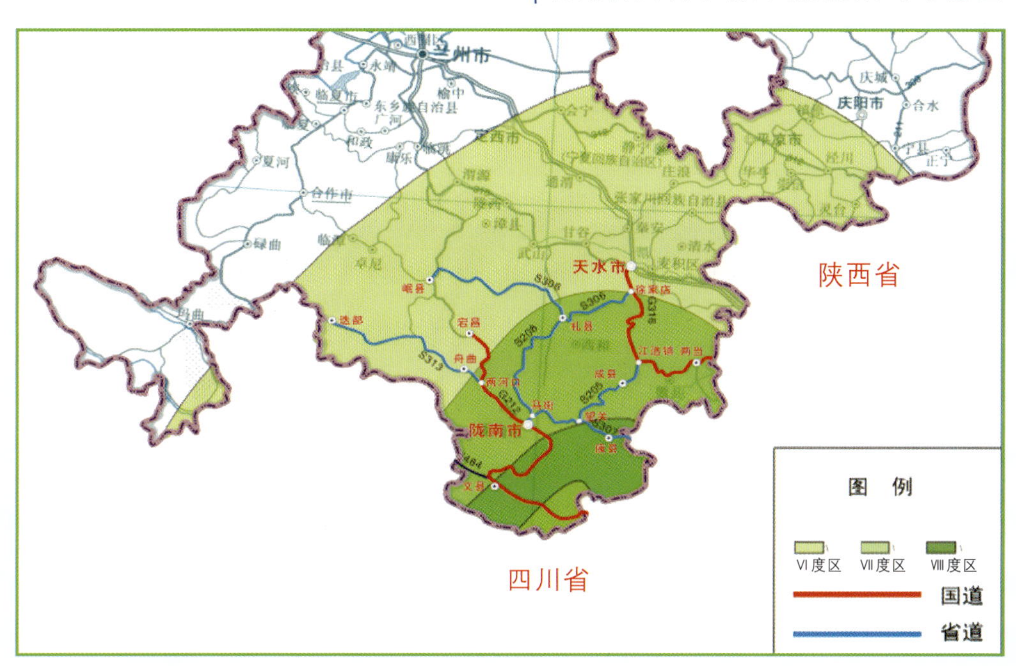

第11章 国道212线宕昌至罐子沟（甘川界）段

国道212线起于兰州市，经临洮、渭源、岷县、宕昌、武都、文县，甘肃境内终点为甘川交界罐子沟，公路等级为二、三级。省内全长704km，受灾路段长302km。汶川地震对宕昌至罐子沟段公路设施造成严重震损。地震造成滑坡2.2万m^3（71处）；路基路面垮塌69万m^3（196处），影响公路里程约72km；受损桥梁245延米（10座），受损隧道1座。

11.1 路基与次生地质灾害

▼| K364+500～K364+600段左侧山体滑坡，掩埋公路

▲ K376+475～K377+617段，地震诱发秦峪古滑坡复活，滑坡体积大于7 000×10^{4}m^3

▲ K482+200～K482+600段路基左侧山体发生崩塌

▲ | K591+210～K591+240段挡墙垮塌

▲ | K501+200～K501+600段震后形成碎屑流，掩埋公路

▲ | K592+100处山体崩塌

K592+300～K592+360挡墙垮塌

K635+300～K635+450段浸水挡墙垮塌

▲ | K640+600处路基下沉，路面开裂

▶ K686+690处路堤边坡震后坍塌，路面开裂

▶ K673～K675段（碧口镇）路面纵向开裂

▶ 2008年8月5日余震K699+800处路基严重变形开裂

▲ 2008年8月5日余震K700+050处崩塌掩埋路基

11.2 桥梁

K658+700关头坝大桥为双悬索吊桥，最大跨径180m。震后兰州岸右侧索塔外侧面、重庆岸右侧索塔出现水平表面裂缝，混凝土碎落

K700+643罗旋沟桥为1998年修建的1×40m钢筋混凝土板拱桥

▲2008年8月5日发生6.1级余震后，罗旋沟桥完全坍塌

▲| K393+332高崖头4号桥为1×10m双曲拱桥，震后桥台翼墙竖向裂缝，缝宽8mm

▲| K461+050甘家沟桥为1×30m双曲拱桥，震后兰州岸2号腹拱顶铰错位下沉约2cm

▲ K420+439上坝桥为1×10m双曲拱桥，八字墙倾斜位移达10cm

▲ K691＋425毛坪沟2号桥为2×10m斜交钢筋混凝土空心板桥，震后重庆岸桥台下游侧墙开裂

▲ K392+153两河口3号桥为1×10m坦肋拱桥，震后上游边肋混凝土破碎露筋

第12章 其他公路

国道316线（杨店—江洛）甘肃境内起点位于陕甘交界杨店，终点为陕甘交界牛背，路线等级为二、三级结合。汶川地震对杨店至江洛段造成严重震损，受损里程达114km。

省道205线（江洛—武都）起点为徽县江洛镇，终点为陇南市武都，路线等级为二级，全长161km，汶川地震中全线受损。

省道306线（徐家店—祁山堡）起点为徐家店，终点为甘南州合作市，路线全长105km，三级公路。汶川地震对徐家店至祁山堡段45km路段造成严重震损。

省道307线（白河沟—望关）起点为陕甘交界白河沟，终点为望关，三级公路。路线全长50km，汶川地震中全线受损。

省道313线（两河口—舟曲）起点为两河口，与国道212线相接，终点为黑水沟。路线等级为二、三级结合。路线全长70km，汶川地震中全线受损。

县道484线（东峪口—青龙桥）起点为东峪口，与国道212线相接，终点为甘川交界青龙桥，通往四川九寨沟，三级公路。路线全长32km，汶川地震中全线受损。

12.1 路基与次生地质灾害

▶ 省道205线K134+600～K134+800段震后发生滑坡

▲| 省道206线K13+900～K14+000段震后山体滑坡

▲ | 宝天高速公路在建项目K78+760～K78+780段路基边坡坍塌

▲ | 宝天高速公路在建项目K84+680处滑坡剪出口

12.2 桥梁

▲| 省道205线毛坝桥2号墩柱与系梁连接处拉裂

省道219线祁山大桥为8×25m双曲拱，震后腹拱侧墙出现倾斜、外移

省道205线黑坝桥武都岸桥台裂缝

▲ 省道306线路家沟桥为1×10m石拱桥，拱上侧墙严重倾斜、开裂

▲ 县道482线龙神沟3号桥为1×5m石拱桥，下游距端墙50cm处拱圈环向断裂

12.3 隧道

▲ 国道316线八盘山隧道全长885m，拱顶混凝土开裂严重

汶川地震公路震害图集

第四部分 陕西灾区公路震害

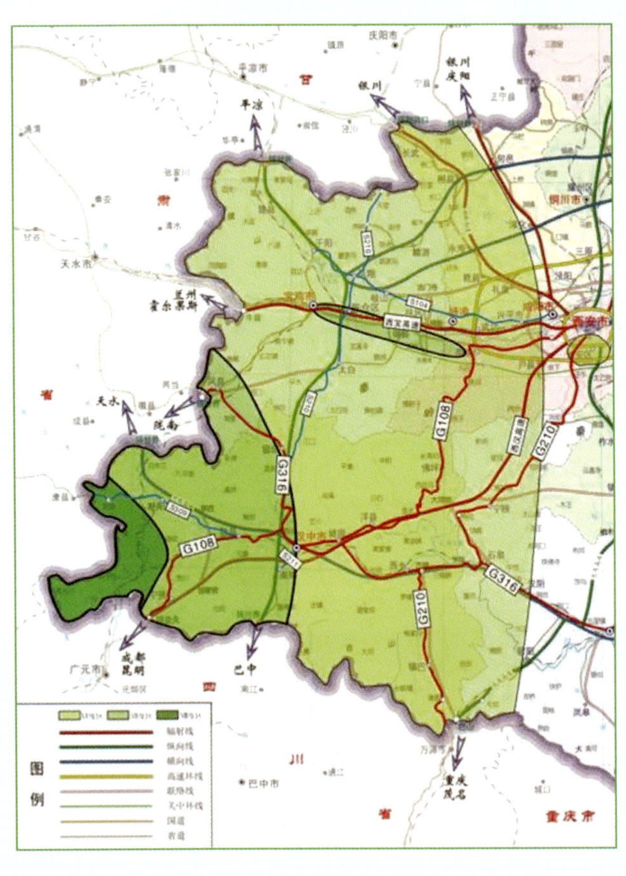

▲|“5·12”汶川地震陕西省地震烈度及受灾公路分布示意图

“5·12”汶川大地震中，陕西省国道108线、省道210线、省道309线及715条农村公路和其他几条公路共计2 019km不同程度受损，造成交通损失达3.9亿元。主要震害类型有崩塌、滑坡、泥石流等次生地质灾害、路基路面震害及桥隧震害。

第13章 国道108线城固至宁强段

国道108（二连浩特—河口）陕西境内主要经过渭南、西安和汉中三市，全长约747km；公路标准以二级为主。震害主要集中在汉中市城固县、勉县和宁强县，受灾里程约127km。路基路面垮塌1.7万m^3（10处），影响公路里程约23km；受损桥梁862延米（13座），受损隧道823m（2座）。

13.1 路基与次生地质灾害

▼ 汉中洋县段K1534+620～K1534+650崩塌，碎石滚落路面，阻断交通

宁强段K1782+950～K1783+000挡墙震裂，山体向公路滑动，支挡构造物破坏，给边坡安全带来威胁

▲ 褒棋线K1709+200～K1709+300崩塌

▲ 褒棋线K1742+000～K1742+060崩塌

13.2 桥梁

▼ K1564+230 酉水河桥总体图

▼ K1564+230 酉水河桥拱部开裂

▲ | K1579+130 大龙河桥护坡破损

▲ | K1757+260 亢家洞2号台帽断裂

第14章 省道210线汉中段

省道210(麟游白家西坡北—留坝)主要经过宝鸡和汉中两市，全长238km；公路标准以二级、三级为主。震害主要集中在汉中市境内，受灾里程约42km。路基沉陷垮塌1.8万m^3(12处)，影响公路里程约3km；受损桥梁45延米(1座)。

14.1 路基与次生地质灾害

K177+400岩质边坡崩塌，掩埋公路，行车中断数天

麟留线K199+250～K199+280边坡滑塌，滑体约900m^3、砸坏路面，阻塞交通

▲ 麟留线K223+850～K223+900山体滑塌，坡高100m，塌方体1 000m^3，阻塞交通

14.2 桥梁

▲ K206+934　江西营大桥侧墙裂缝

第15章 省道309线勉县至略阳段

省道309勉县至略阳段，主要位于汉中市境内，全长118.69km；线形设计标准以四级为主，部分路段采用三级标准。地震造成滑坡崩塌6.1万m^3(19处)，桥梁受损629延米（4座），隧道受损518m(1座)，受损里程约99km。

◀ 勉略线K3+500山体滑塌

▲| 勉略线K14+450滑塌

▲| 勉略线K17+420山体坍塌，造成路面损坏，阻碍车辆通行

▲|勉康路K33+400山体崩塌，造成山下民居损毁严重

第16章 其他公路

其他公路主要包括国道210、国道316、国道045、国道5、省道102及姜眉公路等公路，主要位于宝鸡和汉中两市境内，累计受灾里程约450km。

16.1 路基与次生地质灾害

▶国道210铁匠垭—安康K1233+940～K1234+000边坡山体崩塌，崩塌体约2 500m^3，造成交通阻断

▶国道316线城固段K2112+200边坡山体坍塌，坡高28m，坍塌体2 300m^3，边沟破坏，堵塞道路

▲ 国道316留坝段K2229+200山体滑塌，坡高70m，滑体约200m^3，直冲向公路，破坏路面，堵塞交通

▲ 姜眉公路K19+380～K19+430段挡墙倾斜，路基沉陷、路面开裂，缝宽最大达15cm

16.2 桥梁

▲ 国道210K1353+677 碗厂沟桥拱圈开裂

▲| 国道316K0+842（新建支线道路） 潘家河大桥桥面错台

▲| 国道316K2080+776 桐车2号桥拱顶开裂

▲ | 国道316K2237+840 青龙寺桥桥台侧墙裂缝

▲ | 国道045K303+375 千河大桥防震挡块破损

▲ | 国道045K278+761 六寨退水渠桥左幅0号台台身斜裂缝

▲ 国道5（西汉高速）K30+507.5 匝道桥护栏沉降缝位移，钢管护栏发生错位

▲ 国道5（西汉高速）K30+507.5 匝道桥1号台身侧墙裂缝有延伸现象，缝长1.5m，宽约3mm

▲ 国道5（西汉高速）K321+550 关峡玉带河大桥桥面铺装损毁30㎡

▲ 国道5（西汉高速）K254+600 漾水河大桥梁底板边角破裂

▲ 姜眉公路K19+380 桃园沟桥翼缘板受落石撞击破坏

16.3 隧道

▼| 省道102梁家山隧道 洞门端墙破坏严重

参考文献

REFERENCES

[1] 唐永建，庄卫林，吉随旺等．“5·12”汶川大地震四川灾区公路应急调查和抢通．北京：人民交通出版社，2008.10.

[2]《汶川地震灾害地图集》编委会．汶川地震灾害地图集．成都：成都地图出版社，2008.12.

[3] 潘桂棠．汶川八级地震的区域地质构造背景．决策咨询通讯，2008(3):1～7.

[4] 余团，何昌荣，龙学明．龙门山南段五龙断裂带构造岩特征．矿物岩石，1999，19(1):74～80.

[5] 李勇，周荣军，DENSMOREAL，等．青藏高原东缘大陆动力学过程与地质响应．北京：地质出版社，2006:1～148.

[6] 张培震．青藏高原东缘川西地区的现今构造变形、应变分配与深部动力过程．中国科学 D辑：地球科学，2008，38(9)：1041～1056.

后记

地震震害调查是人们认识地震、研究工程抗震技术最直接的方法，是恢复重建的必需工作，也是为防震减灾工作提供宝贵基础资料的有效手段。

“5·12”汶川地震发生后，交通运输部部长李盛霖、副部长翁孟勇、副部长冯正霖、总工程师周海涛等领导亲赴灾区指导抗震救灾和公路抢通工作。交通运输部公路局、规划司等部门分别牵头，立即组织了全国公路行业的专家赶赴灾区一线，提供技术指导和开展资料收集工作。灾区各省交通厅在抗震救灾的同时，也迅速组织开展抢通、保通的调查与技术资料的收集工作。

2008年7月15日，冯正霖副部长在北京主持召开交通系统灾区恢复重建技术研讨会，要求将公路震害详细客观地记录下来作为史料保存并加以深入研究。交通运输部科技司及西部交通建设科技项目管理中心也相继启动抗震救灾系列科研项目。2008年11月21日，交通运输部周海涛总工程师在北京主持召开“汶川地震公路震害调查资料收集整理工作”会议，决定由四川省交通厅牵头，甘肃省交通运输厅和陕西省交通运输厅参与，开展汶川地震灾区公路震害调查资料收集整理工作，并作为2008年西部交通建设科技项目“汶川地震公路震害评估、机理分析及设防标准评价”的有机组成部分。

考虑到调查收集范围包括四川、甘肃和陕西等三省地震极重灾区和重灾区的国省干线及典型县乡道路，面积达10余万平方公里，具有空间跨度大、涉及专业面广、协调难度大、时间紧和任务重等特点，交通运输部成立了以周海涛总工程师为组长，部公路局、科技司、三省交通厅有关领导为成员的工作领导小组，同时成立了具体负责协调该项工作的协调小组，三省交通厅也各自成立了工作小组（名单见附录）。

公路震害调查资料的收集整理工作得到了各级领导的高度重视。在交通运输部的统一领导下，四川、甘肃、陕西三省交通厅密切配合；交通运输部周海涛总工程师组织工作会并主持研究大纲的评审，交通厅领导多次听取工作汇报并及时解决有关问题；项目承担单位的领导亲临现场检查，积极督促，并在资料收集、报告编写等方面均给予了大力支持与指导。

该图集编辑过程中，四川省交通厅公路规划勘察设计研究院、甘肃省公路管理局、陕西省公路局、成都理工大学、西南交通大学、交通部公路科学研究院、重庆交通科研设计院、长安大学、同济大学等参加单位深入灾区一线，全面收集震害图片，并仔细甄别筛选和辅以文字说明，确保资料丰富、翔实，尤其是四川省交通厅公路规划勘察设计研究院提供了大量的第一手珍贵图片资料。同时，也有许多兄弟单位和个人提供了珍贵图片，在此一并致以衷心的感谢！

附录

交通运输部“汶川地震公路震害调查资料收集整理工作”领导小组名单

组 长	周海涛	交通运输部	总工程师
成 员	陈胜营	交通运输部公路局	副局长
	任锦雄	交通运输部科技司	副司长
	陈乐生	四川省交通厅	总工程师
	辛 平	甘肃省交通运输厅	副厅长
	胡保存	陕西省交通运输厅	副厅长

“汶川地震公路震害调查资料收集整理工作”协调小组名单

交通运输部公路局	杨屹东	副处长
交通运输部科技司	郑代珍	处 长
西部交通建设科技项目管理中心	魏道新	副主任
四川省交通厅	朱学雷	处 长
甘肃省交通运输厅	杨碧峰	调研员
陕西省交通运输厅	万振江	副巡视员

四川、甘肃和陕西三省交通厅工作小组

四川省交通厅			
组 长	四川省交通厅	陈乐生	总工程师
成 员	四川交通厅科教处	朱学雷	处 长
	四川交通厅建管处	刘四昌	处 长
	四川省交通厅公路局	沈忠仁	副局长
	四川高速公路建设开发总公司	张政国	副总经理
	四川省交通厅公路规划勘察设计研究院	唐永建	院 长
甘肃省交通运输厅			
组 长	甘肃省交通运输厅	辛 平	副厅长
成 员	甘肃省交通运输厅规划处	杨碧峰	调研员
	甘肃省公路管理局	赵河清	总工程师
	甘肃省陇南公路总段	宋阳军	副总段长
陕西省交通运输厅			
组 长	陕西省公路局	万振江	副巡视员
成 员	陕西省交通运输厅	王登科	处 长
	陕西省交通运输厅	高振鑫	副处长
	陕西省交通运输厅	吕 琼	高 工

鸣谢

向编写组提供图片的单位有（排名不分先后）：

交通运输部

四川省交通厅

甘肃省交通运输厅

陕西省交通运输厅

四川省交通厅公路规划勘察设计研究院

四川省交通厅公路局

甘肃省公路管理局

甘肃省陇南公路总段

甘肃省交通科学研究所有限公司

陕西省公路局

陕西省高速公路建设集团公司

陕西省汉中市公路管理局

陕西省宝鸡市公路管理局

四川省汶川县交通局

四川省北川县交通局

四川省青川县交通局

四川省平武县交通局

四川省安县交通局

四川省理县交通局

四川省茂县交通局

四川省绵竹市交通局

四川省什邡市交通局

四川省绵阳市交通局

四川省德阳市交通局

四川省阿坝州交通局

四川省甘孜州交通局

四川省雅安市交通局

四川省广元市交通局

四川省成都市交通委员会

四川高速公路建设开发总公司

四川都汶公路有限责任公司

西南交通大学

成都理工大学

重庆交通科研设计院

交通部公路科学研究院

长安大学

同济大学

江苏省交通科学研究院股份有限公司

四川路桥集团

中国地震局

四川省地震局

四川省国土资源厅

成都地图出版社

中国岩石力学与工程学会

四川省岩石力学与工程学会

由于图片数量多，来源广泛，一些图片难于注明出处，为此，向所有提供图片的个人和单位表示诚挚的谢意！